電磁気学15講

五福明夫［著］

朝倉書店

まえがき

電磁気学は，工学的な応用において重要な物理学の1分野です．それは，テレビ，携帯電話，照明機器，モータなど電磁気現象を応用した多数の機器類が身近に存在しており，また，最先端の研究に用いられている素粒子の加速器や脳機能計測のためのf-MRIなどに密接に関係していることからも理解できるでしょう．その一方で，ベクトル解析や線積分，重積分などの数学を用いることが求められるために，初学者にとっては難しい科目となっています．確かに，数学的な操作ができないと，原理や法則から導かれた結果の理解が困難であることも事実です．しかし，工学の分野で重要な数学を，電磁気現象という実際的な問題を通して学べると考えますと，効率が良いともいえます．

現代の科学・技術において重要な電磁気学については，内容的にも充実した良書がすでに多数出版されています．本書の執筆においては，もちろん，それらの良書のいくつかを参考にしました．まずは，参考にさせていただいた文献の執筆者に敬意を表したいと思います．その一方で，初学者にとっては，①電磁気現象を応用した機器や電磁気学に関する科学史がほとんど説明されていない，②数学的操作があまり丁寧には記述されていない，③新しい概念が数学的には正しく説明されていますがイメージ的には説明されていない，などの点で独習には少し敷居が高いものが多いようです．

そこで本書では，これらを補う構成にしました．まず，さまざまな分野において，偉大な先人たちは種々の困難を突破して美しい理論や知見を得ています．そのような先人たちの足跡を科学史として知っておくことも，科学や技術を将来の生業とする人にとっては重要と考えます．また，数式の変形でつまずくと学ぶ意欲が失われることも事実です．本書ではできるだけ丁寧に記述することを心がけました．しかし，丁寧な説明があると自ら考えて計算することをしなくなりがちとなり，知識や技術が身につかないという副作用もあります．ぜひ，数学的操作を一度は自分で行ってください．それから，イメージ的な説明は諸刃の剣でもあり，本質的な理解を阻害する可能性もありますが，いくつかの話題について挑戦し説明を試みました．キルヒホッフの法則，ガウスの法則（積分形），発散，仕事，などの概念の理解が少しでも深まれば幸いです．

本書の章立ては，理工系学部の低学年時における1セメスター15回での講義を意識し，1つの講が1回で講義されることを想定して，15講構成としています．各講や各節で学んだ内容を確認するために，適宜，「問」を入れています．また，応用力をつけるための練習問題も各講に4問程度ずつ出題しています．これらの解答例は巻末に示していますので，理解を深めるためにご活用ください．

筆者が講義の受講生に最近強調していることの1つに，「卒業後10年経っても使えるように学びましょう」があります．社会に羽ばたいてから使えないような学びでは，貴重な青春時代の時間を費やすだけの価値はないと思います．本書を学ぶ皆さんは，将来，学んだ専門知識を活用して，しかも日進月歩の新しい技術や知識を吸収しながら，グローバルな専門家として活躍することが期待されています．このためには，豊富な専門的知識・技術と深い論理的思考能力を基礎におきつつ，新しい技術や知識を学ぶ能力を磨いておく必要があると考えています．筆者の経験上，学ぶだけでは応用できるほどには理解が深まりません．そこで，「教えることができるように学ぶ」ことを心がけてください．この場合には，数式の変形などは自分で計算して確認するとともに，個々の項目の本質的な内容とそれらの関係を意識しながら学ぶことになると思います．これによって，学ぶ項目の理解度が深まるとともに，本質を見分ける能力も養われると思います．

最後になりましたが，暫定版で講義いただき多数の修正意見やコメントをいただきました岡山大学の佐薙稔准教授，井上昭名誉教授，山下善文准教授，金錫範教授，竹元嘉利准教授に感謝いたします．また，貴重な写真をご提供いただきました古賀隆治・岡山大学名誉教授と福森聡・関西大学教育助手，そして素晴らしいテキストに仕上げていただきました朝倉書店の皆様に感謝いたします．

2015年7月

五 福 明 夫

参考文献

[1] 卯本重郎著，電磁気学，昭晃堂（1975）．
[2] 東辻浩夫著，教養の物理シリーズ2 電磁気学，培風館（1989）．
[3] 金原粲監修，梶谷剛，濱島高太郎，塚田啓二，杉本秀彦著，電磁気学，実教出版（2007）．

目　　次

第 **1** 講

現代社会と電磁気学

1.1　身の回りの電気現象，磁気現象

電気や磁気に関して多くの自然現象があり，私たちもよく見たり経験したりしています．

a.　光

人間など動物には周りの状況を認識するために，視覚と呼ばれる感覚とその器官が発達しています．周りの物体から発する光や反射光を感知しているのです．また，植物は光合成により，光のエネルギーを用いて水と大気中の二酸化炭素から有機物を合成しています．本書の最後（第 15 講）では，光が電磁波の一種であることが理論的に裏づけられることを学びます．

b.　雷

昔から，こわいものとして，「地震，雷，火事，親父」といわれていますように，雷は一般人にとって恐ろしい自然現象です．実際，落雷によって命を落としたり大怪我をしたりする人が毎年出ています．雷は急激な上昇気流などによって上空と地面との間や雲の中で電位差が生じ，放電することによって起きるとされています．放電は大気中を走る強い光の束である**稲妻**として観測されます．放電が発生したときには，雷周辺の空気が急速に膨張し，膨張速度が音速を超えたときの衝撃波が**雷鳴**として耳に届きます．日本では，北関東地方では夏の雷が多く，日本海沿岸では冬場に雷が多く発生しています．

c.　静電気

特に冬の乾燥した時期に，金属製のドアノブなどを触ろうとしたときに，バチッという感覚により痛い目にあうことがよくあります．これは，特に化学繊維を素材にした衣服がこすれて帯電していた静電気によって火花放電が発生したためです．セルロイドの下敷で髪の毛をこすると，髪の毛が下敷に吸いつきますが，これも静電気による現象（いたずら）です．静電気は，電圧は何万ボルトにもなりますが，電流は小さくエネルギーとしては小さいです．しかしながら，静電気による火花放電によって，可燃性の液体，気体や爆薬が引火して火災が発生したり爆発したりする場合がありますので，十分に注意が必要です．セルフ式のガソリンスタンドでの給油の場合には，必ず給油機に取りつけられています放電用プレートに触れて静電気を放電させておきましょう．

d.　磁石，方位磁石

登山やハイキングには，道に迷わないためにコンパスと呼ぶ方位磁石が使われますね．方位磁石のような棒磁石では，一方の端はN極，他方の端はS極に磁化されています．磁石同士を近づけた場合，同じ極は反発し合い，異なる極は引き合うことはご存じですね（第9講を参照）．方位磁石のN極が北を指すことから，地球も磁気を帯びており，北極付近がS極，南極付近がN極となっていることがわかります．

1.2　電磁気現象を応用した装置

本書で学びますように，電界と磁界に関して，①電荷間や磁荷間には空間的に離れていても力が働き，②電気が流れると磁界が発生し，③磁界が時間的に変化すると起電力が発生して閉回路に電流が流れます．これらの電磁気現象を応用して，人類はこれまでにさまざまな装置を発明してきました．そのいくつかを紹介しましょう．

a.　モータ

モータは電流により発生する磁界（電流の磁気作用：第10～12講を参照）を利用して，回転軸周りの回転を得ています．モータにはさまざまな種類がありま

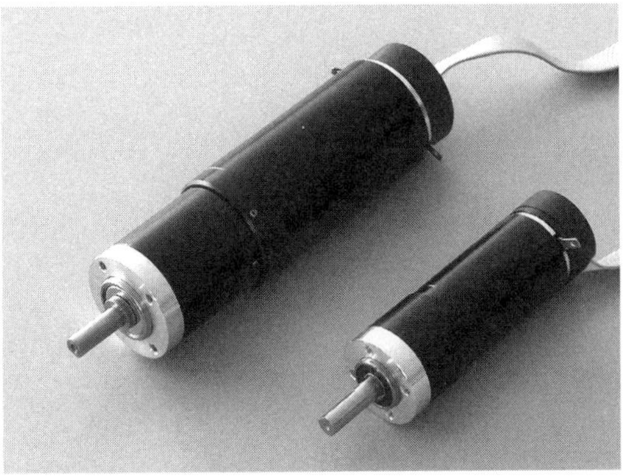

図 1.1　直流モータの外形

すが，図 1.1 に外形を示します直流モータでは，回転軸の周りに巻きつけられた電機子と呼ばれるコイルに電流を流すことで発生する磁界と，外側に配置した永久磁石がつくる磁界（第 9 講を参照）との間に働く力（第 13 講を参照）により，電機子を回転軸の周りで回転させて回転力を取り出しています．そして，電機子に流す電流の向きを半回転ごとに切り替えるブラシによって，連続的な回転を実現しています．また，誘導モータと呼ばれるモータでは，外側に配置した電磁石に交流電流を流して回転磁界をつくることにより，内側の導体で構成された回転子に誘導電流（第 14 講を参照）が発生して，電磁石と誘導電流がつくる磁界の相互作用により回転力を得ています．さらに，最近では球状の回転子をあらゆる方向に回転させる球面モータも研究，開発されています．

b.　発電機

モータとは逆に，コイルを貫く磁界が時間的に変化するときに，コイルの両端に電圧が発生すること（第 14 講を参照）を利用して，機械的エネルギーを電気エネルギーに変換させる装置です．身近にある発電機としては，自転車の車輪の回転力を利用してライトを点灯させるものがあります．機械的エネルギーを電気エネルギーに変換していますので，ライト点灯時にはペダルが重くなることを経験していると思います．なお，原子力発電所や火力発電所では蒸気の力を，水力発電所では水の流れによる力を利用して，コイルを貫く磁界を変化させています．

図 1.2 柱上変圧器

c. 変圧器

変圧器はトランスとも呼ばれ，電磁誘導（第 14 講を参照）を利用して交流電圧の振幅を変えるために用いられています．ご存じのように家庭用の電気配線は交流 100［V］ですが，発電所からの電気の送電には電圧が 275,000〜500,000［V］という超高圧の交流が用いられています．送電された電気は変電所に設置された変圧器で，順次電圧を 154,000，66,000，22,000，6,600［V］に下げられて，街中の電線に配電されています．そして，電柱に設置された柱上変圧器（図 1.2）で 100 あるいは 200［V］に降圧されて，各家庭に送られています．

d. 無線装置，レーダ

光ファイバを用いた高速通信は，インターネット時代を支える重要な技術となっています．最近の基幹 LAN（Local Area Network）では 1［Gbit/s］の通信速度が主流となってきており，100［Gbit/s］のイーサネットも規格化されつつあります．

一方，電磁波（電波）（第 15 講を参照）については，携帯電話が最も皆さんにとって身近な存在でしょう．800［MHz］あるいは 2［GHz］の周波数帯の携帯電話により，通話エリア内であればいつでもどこでも通話でき，生活上たいへん重宝していることでしょう．一方では，電気的パルスを発生させている脳の近くで電磁波を発することから，携帯電話の多用が健康上に影響することを懸念する声もあります．また，無線通信，特に，無線 LAN においても技術革新が著しく，駅

図 1.3　八木アンテナ

構内などでの無線 LAN スポットだけでなく，新幹線車内や航空機の機内でもインターネットが利用できるようになってきています．ただし，航空機の場合には，管制塔と通信したり誘導電波を受信したりする装置への影響を排除するために，離着陸時には電波を発する状態にある電子機器の利用が禁止されています．

電波を利用して物体の位置を探知する装置の代表的なものに，レーダがあります．レーダでは，電波を対象物に向けて発射してその反射波を受信して分析することにより，対象物までの距離や方向を表示する装置です．航空機や船舶の位置把握，物体の速度測定や障害物検知に用いられています．受信用のアンテナとして，1925 年に発明された八木・宇田アンテナ（八木アンテナ：図 1.3）は，電波の方向を検知する際の指向性の点で画期的な技術でありました．このため，テレビ放送電波の受信において，21 世紀になって地上デジタル放送に切り替わる前まで，VHF 放送の受信のための家庭用アンテナとして用いられていました．なお，VHF は超短波（Very High Frequency）のことで 30～300 [MHz] の周波数の電波のことです．また電波は雨雲の様子の観測にも応用されています．国内では気象庁の気象レーダが有名で，広域の気象現象の把握に効果を発揮しています．

また，ラジオ（AM では 1000 [kHz] 程度，FM では 90 [MHz] 程度）やテレビ（地デジでは 470～770 [MHz] の帯域）では，電波に乗せた音声や映像の情報を受信して，音声や映像を復元しています．パソコンなどに内蔵（外づけ）されています光学ディスク装置（DVD 装置や BD 装置など）では，ディスクに磁気や溝の形として記録された情報を，磁気ヘッドやレーザ光を用いて読み取っています．そもそも，電球，蛍光灯や LED 電球などの照明装置は電気エネルギーを光エネルギーに変換しています．さらに，電子レンジでは，電磁波により食べ物に含まれる水分子を振動させることによって加熱しています．ほかにも身の回りには電磁波を応用した機器や装置がたくさんありますので，調べてみると興味がわくでしょう．

e.　加速器

電荷を持った粒子（荷電粒子：電子やイオン化した原子など）は電界により力を受けます（第 3 講を参照）．また，荷電粒子の流れである電流は磁界から力を受けます（第 13 講を参照）．したがって，電界と磁界が働く空間内を運動する荷電粒子には，電界と磁界の両者から力を受けることとなり，**ローレンツ力**（第 13 講を参照）と呼ばれています．ローレンツ力を利用することにより，素粒子研究などにおいて素粒子を加速する**加速器**が構成されます．加速器にはさまざまなタイプがありますが，サイクロトロンと呼ばれる加速器について，第 13 講で触れることとしましょう．

f.　質量分析器

ローレンツ力は，粒子を特定するための**質量分析器**の動作原理としても応用されています．第 13 講でその動作原理を説明しますが，質量分析器では，測定したい物質に電荷を与えてイオン化し，電界によって加速した後，磁界による進行方向の変化の程度が物質の質量によって変わることを利用して，質量とイオン化時に与えられた電荷の比を求めています．したがって，イオン化時の電荷が既知であれば，物質の質量が求まることとなります．

g.　脳波計

動物の神経細胞では，細胞膜を挟んで内側と外側のイオン分布に差があり，活動時にはその差が変化することで微弱な電位変化が発生します．この電位変化はパルス（時間幅の小さな電気信号）として神経繊維を伝わっていきます．ヒトの脳内の神経細胞も同様の活動（脳神経活動）をしています．脳波計では，ある程度の大きさの領域に含まれる神経細胞の集団としての活動に伴って発生する微弱な電圧を，頭蓋につけた電極で計測しています．１つの電極で検出される電圧変化は脳内のさまざまな場所での脳神経活動による電圧変化が重畳されたものであるために，その分析は難しいのですが，脳内の活動を解析したり脳を診断したりすることができます．最近では，脳内活動を解析して機械やコンピュータを動かす BMI（Brain Machine Interface）や BCI（Brain Computer Interface）の研究にも応用されています．

h.　f-MRI

近年，脳疾患の予防や治療，また脳の仕組みを解明するために，f-MRI（functional Magnetic Resonance Imaging）装置（図 1.4），脳磁図計測装置などの脳活動計測装置が開発されて応用されています．f-MRI 装置では，脳神経活動に伴う血流変化を計測することにより，二次的に（直接測っているわけではないという意味で）脳神経活動を計測しています．ここでは，磁界をかけたときに原子核が固有の電磁波と相互作用する核磁気共鳴という現象を利用しています．f-MRI は脳波計に比べて，空間分解能（どこでどの程度の脳神経活動が発生しているかの測定）はかなりよい一方で，時間分解能（いつどの程度の脳神経活動が発生しているかの測定）が悪いという特性を持っていますが，BMI や BCI の

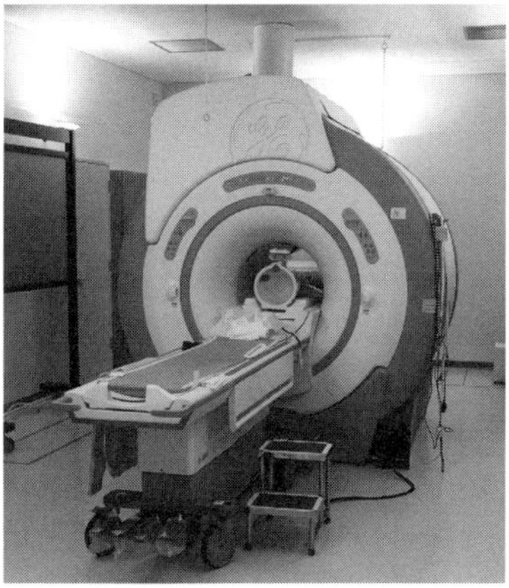

図 1.4　f-MRI

研究によく用いられています．

i.　脳磁図

脳磁図では，脳内の神経細胞の活動に伴って発生する微弱な電圧によって誘起される磁界（第10講を参照）を，非常に感度よく計測して，計測された磁界から活動している神経細胞領域を推定して図的に表示する装置です．f-MRI装置と同様に，脳科学研究や医療で利用されています．

1.3　電磁気学に関連する科学史概説

琥珀などを摩擦すると羽毛などの軽い物体を引きつける力を持つことは，紀元前より知られていました．16世紀になって，ウィリアム・ギルバート（イギリス）は，物体がこの力を持つようになることを，「物体は**電気**を帯びる」と名づけました．1640年にはオットー・フォン・ゲーリケ（ドイツ）により**放電**が確認されました．

18世紀に入ると，スティーヴン・グレイ（イギリス）は金属が電気を導くことを見出し，鉄と絹は電気伝導に関して異なる性質を示すことを発見しました．異なる性質を示す物質は後に，それぞれ，**導体**，**不導体**と名づけられました．また，シャルル・フランソワ・デュ・フェ（フランス）は，摩擦によって生じる帯電状態は2種類あり，同種間では反発し異種間では引き合い，しかも異種の帯電状態の物質を接触させると電気的性質が消えることを発見しました．その後，静電気が蓄えることのできるライデン瓶が発明され，静電気現象の研究が進みました．雷の観測で有名なベンジャミン・フランクリン（アメリカ）は，デュ・フェの得た現象を説明したとされます．1773年にヘンリー・キャベンディッシュ（イギリス）は電気力が距離に反比例することを実験的に確かめましたが，その成果は死後まで発表されませんでした．1785年にシャルル-オーギュスタン・ド・クーロン（フランス）は，荷電粒子の間に働く力が電荷の積に比例し電荷間の距離に反比例する**クーロンの法則**を実験的に導きました．

電流の磁気作用については，1820年代にブレークスルーが起こり，電磁気学の分野の研究が大いに進みました．電気と磁気の関係に関する偉大な法則がわずか数年のうちに続々と発見されています．

電気と磁気の関係を示す証拠を探究していましたハンス・クリスティアン・エルステッド（デンマーク）は，導線に電流を流すとその近くの磁針が振れることに気がついたことにより，**電流の磁気作用**を発見しました．そして，数か月の研究の末に成果を発表しました（1820年）．この発表に基づいて，フランスのジャン-バティスト・ビオとフェリックス・サバールが共同で研究を進め，**ビオ-サバールの法則**を発表しました．同じ年（1820年）の数か月後には，フランソワ・ジャン・ドミニク・アラゴー（フランス）が鉄心に巻きつけた導線に電流を流すと磁石と同じ働きをするという**電磁石の原理**を発見しました．また，アンドレ-マリ・アンペール（フランス）が**アンペールの法則**を発見するとともに，電流を流した2本の導線が互いに斥力／引力を及ぼすことを発見しています．翌年の1821年には，マイケル・ファラデー（イギリス）が電流を流した導線と磁石の間の相互作用を確認しています．また，1822年には，アンペールが，電流を流した2本の導線間に働く力は電流の積に比例して距離に反比例することを確認しています．

1824年にはアラゴーが，円形の導体板を回転させると磁針が引きずられるように回転するという，当時「回転磁気」と呼ばれた現象を発見しました．これは，電磁誘導現象の発見へとつながり，1831年にはファラデーが**電磁誘導の法則**を発見しています．そして，1834年には，ハインリッヒ・フリードリヒ・エミール・レンツ（エストニア）が**レンツの法則**を発見しています．また，数学者でもあったヨハン・カール・フリードリヒ・ガウス（ドイツ）は，1867年に電荷と電界の関係を表す**ガウスの法則**を発表しています．

直流回路解析で有名な**オームの法則**は，1826年にゲオルク・ジーモン・オーム（ドイツ）が発表しています．また，グスタフ・ローベルト・キルヒホッフ（ドイツ）は1845年に**キルヒホッフの法則**を発見しています．

1864年にジェームズ・クラーク・マクスウェル（イギリス）は，ファラデーの電磁場理論を基礎として，**マクスウェルの法則**を導いています．マクスウェルは電磁波の存在を予想し，その伝播速度が光の速度に等しいことと横波であることを示しています．そして，1887年には，ハインリヒ・ルドルフ・ヘルツ（ドイツ）は**電磁波**を生成，検出する装置を考案して電磁波の存在を実証しました．

なお，磁界，電流，力の方向の関係を人の手の形で表した**フレミングの法則**（左手の法則および右手の法則）は，1880年代にジョン・アンブローズ・フレミング（イギリス）により考案されています．この法則は，「電流によって発生する磁場」と「磁場によって発生する電流」の関係を憶えられない学生のために考案されたそうで，立体的な関係を理解することが難しいことを示唆していますね．

練習問題

1.1　電磁気に関連する自然現象を調べよ．

1.2　身の回りにある電磁波を応用した機器や装置を調べよ．

1.3　ライデン瓶はどんなものかを調べよ．

1.4　クーロンはどんな装置を考案して実験的にクーロンの法則を導いたのかを調べよ．

1.5　アラゴーの回転盤の実験について調べよ．また，なぜ磁針が引きずられるか，原理を調べよ．

1.6　ヘルツはどんな装置により電磁波の存在を実証したかを調べよ．

第2講

直流抵抗回路
—キルヒホッフの法則とその適用—

第2講では，電気回路や電子回路で用いられる変量の意味と単位，また，回路に流れる電流を計算するためのキルヒホッフの法則が重要です．そこで，それらに類似した概念を，以下の身近な例題で理解しておきましょう．

例 2.1 電磁気学に限らず，物理学では多種類の単位が出てきて，初学者は混乱する．しかしながら，物理量にとって単位は非常に大事である．そこで，単位に馴染むために，

$$\text{圧力の単位}：[\mathrm{Pa}]=[\mathrm{N/m^2}]=[\mathrm{N}]/([\mathrm{m}]\times[\mathrm{m}])$$

のように，(1) 体積 $[\mathrm{m^3}]$，(2) 速度 $[\mathrm{m/s}]$，(3) 周波数 $[\mathrm{Hz}]$ を，いくつかの物理量の積や商で表現せよ．(解答は巻末)

式を見ていると，単位が公式を表していることがわかりますね．なお，ちょっと飛ばした車の速度は，時速では 72 [km/h] ですが，秒速では 20 [m/s] です．また，上空 10,000 [m] を飛行する飛行機の対地速度は，時速では 900 [km/h] 程度ですので，秒速では 250 [m/s] 程度です．

例 2.2 キルヒホッフの第1法則（電流連続の法則）に似た例：　児童公園に途中で二股に分かれたトンネルがあり，多数の幼児が入口から入って，2つある出口のどちらかに出てくる遊びを繰り返している．いま，毎分 n 人の幼児が入口から入って，出口1から毎分 a 人，出口2から毎分 b 人の幼児が出てくるとすると，変数 n, a, b にはどんな関係式が成立するか？　また，その関係式が成立する条件は何か？

例 2.3 キルヒホッフの第2法則（電圧平衡の法則）に似た例：　A くんはハイキングが好きである．一方，B くんは風景写真を撮るのは好きだが，自慢の高級カメラ機材が重く，あまり歩きたがらない．あるとき，弘法大師空海が修行

のために開いた高野山を一緒に訪れることにした．大阪の難波駅から南海電鉄高野線で麓の学文路（かむろ）駅まで2人で行き，そこで勉学成果が挙がることを祈念して入場券を購入した．そして，Aくんは歩いて，Bくんは再び電車に乗って高野山の入口である極楽橋駅まで行った．Aくんは，最初a[m]を登り，その後b[m]下って，またc[m]登って到着した．一方，Bくんは電車でs[m]の高さを上がった．このとき，変数a, b, c, sに成立する関係式を立ててみよ．

2.1　電圧，電流，電力

電磁気学，電気回路，電子回路で出てくる専門用語をまとめて説明しておきましょう．特に，電圧と電位はあまり区別されずに用いられる場合が多いですが，電磁気学を学ぶ皆さんはこれらの区別をしっかりと把握しておいてください．

電荷は，電気量とも呼ばれます．いわゆる電気のことで，素粒子の性質です．正（プラス）と負（マイナス）の電荷があります．単位はC（クーロン）です．

電流は，電気を帯びた粒子（荷電粒子：電子やイオンなど）が単位時間に流れる量です．電流の流れの方向は電子の流れの方向と反対向きに定義されています．単位はA（アンペア）で，1[A]=1[C]/1[s：秒]です．

電圧は，電位差とも呼ばれます．荷電粒子を移動させる力のようなものです．厳密には，2点間の電圧とは，単位電荷（1[C]の電荷）をその2点間を移動させるのに必要なエネルギーです．単位はV（ボルト）です．

電位は，基準点との間の電圧です．単位はV（ボルト）です．

電力は，単位時間当たりに消費される電気エネルギーです．単位はW（ワット）で，1[W]=1[J]/1[s]です．また，1[馬力]=735.5[J/s]=735.5[W]です．

▶ ちょっと余談　電圧・電位と高さ・海抜高度

電圧と電位は厳密に使い分けないと混乱のもとになります．最初は区別しにくいですが，電圧は2点間で与えられ，電位はその点の値として与えられます．よく似た例としては，高さと海抜高度があります．たとえば，「富士山の高さは」と質問すると，日本人であれば3776[m]（富士山のように，みななろう（3776））と答えることができるでしょう．たとえ，冬の晴れた日に新宿の高層ビルから富士山を眺めていても，3776[m]と答えるでしょう．しかし，たとえば，「2012年に復元工事が終了した東京駅の駅舎の高さは」と聞かれると，どう答えるでしょうか？たぶん，「3 階建てだけどドーム部分があるから 15 [m] くらいかな」と答えるのではないでしょうか？　そうです．高い山の「高さ」を答える場合には，海抜高度で答えていますが，ビルや小山の「高さ」を答える場合には，地面あるいは今いる場所からの高さ（海抜高度の差）を答えていますね．ですから，富士山の場合には海抜高度（電位に相当）を「高さ」として答え，東京駅の駅舎の場合には地面から上に出ている部分の鉛直方向の長さ（電圧に相当）を「高さ」として答えています．

▶ **大きく脱線**　原子エネルギーの生み出す熱エネルギーの大きさ

2011 年 3 月 11 日に発生しました東北地方太平洋沖地震の影響で，東京電力(株)福島第一原子力発電所に重大な事故が発生し，日本中に原子力の平和利用への疑念が広がっています．水素爆発を起こしたとされる 1 号機から 3 号機の定格電気出力は，それぞれ，46.0，78.4，78.4 [万 kW] となっています．原子力発電所では核反応で発生した熱エネルギーを電気エネルギーに変換しており，その変換効率は約 33 [%]（新鋭火力発電所では発生蒸気温度が高く約 50 [%]）ですから，正常運転時には原子炉では定格電気出力の約 3 倍の熱エネルギーが発生しています．異常が発生して核反応が緊急停止しても停止直後には停止前の約 6 [%] の崩壊熱と呼ばれる熱が発生します．崩壊熱の発生レベルは次第に減少しますが，停止 1 日後でも数%のレベルで熱が発生します．この熱の除去に失敗したために，残念ながら今回の重大な事故に至りました．福島第一原子力発電所 1 号機の正常運転時に発生している熱エネルギーの 1 [%] を計算してみますと，

$$46.0 \times 10{,}000 \times 3 \times 0.01 = 13{,}800\ [\mathrm{kW}] \tag{2.1}$$

となります．これは，1000 [W]＝1 [kW] の家庭用ヒータの 13,800 台分の熱エネルギーが，原子炉停止の数日後でも発生していることになります．

問 2.1　電磁気学に限らず，物理学では多種類の単位が出てきて，初学者は混乱する．しかしながら，物理量にとって単位は非常に大事である．そこで，単位に馴染むために，「速度の単位：[m/s]=[m]/[s]」のように別の物理量で表現せよ．

(1) 電圧の単位（V）を，電流と抵抗の単位で表せ.

(2) 電荷の単位（C）を，電流と時間の単位で表せ.

(3) エネルギーの単位（J）を，電力と時間の単位で表せ.

2.2　交流と直流

直流とは，電流の流れる方向と大きさが一定の電圧や電流のことをいいます(図2.1)．理想的な電池が供給する電圧のように，時間的に一定の電圧は**直流電圧**と呼ばれます.

交流とは，電流の流れる方向が時間的に変化する電圧や電流のことをいいます．時間的に方向が変化しますので，変化するスピードを表す指標の**周波数**も重要です．家庭用のコンセントが供給する電圧（商用電圧）は，正負が一定時間ごとに入れ替わりますので，**交流電圧**と呼ばれます．明治維新時の電気の導入の歴史的経緯から，商用電圧の周波数は，西日本が60[Hz]，東日本が50[Hz]となっています．商用電圧の周波数は供給電力と需要電力によって時間的に微妙に変化していますが，1日単位では精度が高いです．このことから，電気時計と呼ばれる時計では商用電圧の周波数を利用しています.

脈流とは，血流のように，流れる方向は変わらないが大きさが時間的に変化する電圧や電流のことをいいます．トランジスタを用いた増幅回路では，脈流を電流増幅します.

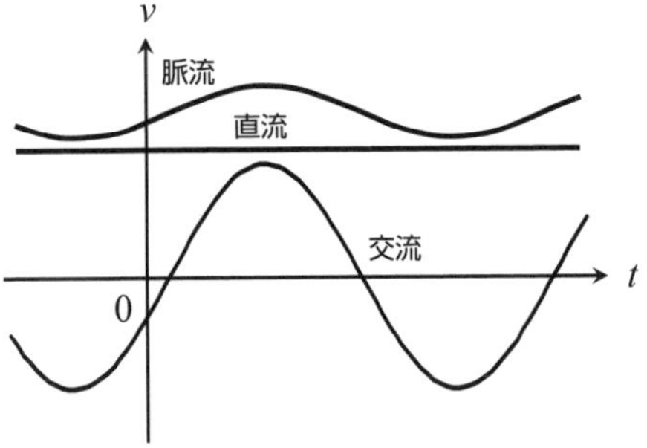

図2.1　直流，交流，脈流の電圧波形例

2.3　オームの法則

電気を通す物体の2点間に電圧（V）をかけると電流（I）が流れますが，電圧は電流に比例するという**オームの法則**が成立します．

$$V = IR \tag{2.2}$$

オームの法則において，比例係数の R は**抵抗**と呼ばれます．なお，抵抗の単位は，Ω（オーム）です．また，抵抗を与えることを目的とした電子部品は，抵抗器（抵抗）と呼ばれます．

2.4　直列接続と並列接続

2つの抵抗器の接続方法には，図2.2のように，**直列接続**と**並列接続**の2通りがあります．

2つの抵抗器 R_1 と R_2 の直列接続では，全体の抵抗値（合成抵抗値）R は，

$$R = R_1 + R_2 \tag{2.3}$$

で与えられ，並列接続では，

$$\frac{1}{R} = \frac{1}{R_1} + \frac{1}{R_2} \tag{2.4}$$

で与えられることは，中学の理科で学びましたね．

並列接続の場合の合成抵抗値は，式(2.4)から，

$$R = \frac{R_1 R_2}{R_1 + R_2} \tag{2.5}$$

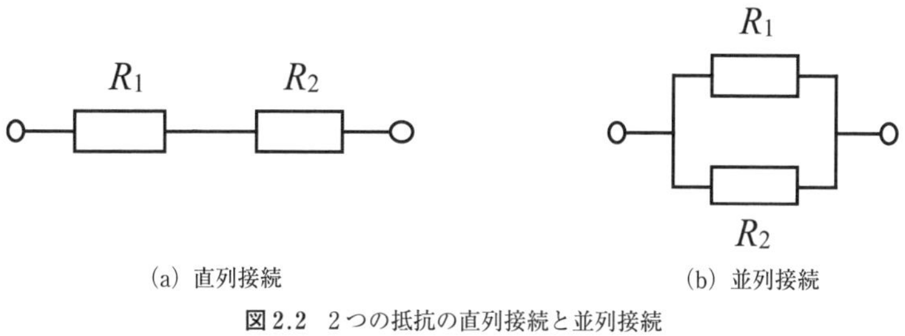

(a) 直列接続　(b) 並列接続

図2.2　2つの抵抗の直列接続と並列接続

となり，ちょっと複雑な式となります．このため，電子回路では2つの抵抗器 R_1 と R_2 の並列接続の合成抵抗値を

$$R = R_1 /\!/ R_2 \tag{2.6}$$

と表現する場合もあります．この表現を用いますと，3つの抵抗器 R_1, R_2, R_3 の並列接続の合成抵抗値は，$R_1 /\!/ R_2 /\!/ R_3$ と表されます．

問 2.2　3つの抵抗器 R_1, R_2, R_3 の並列接続の合成抵抗値 $R_1 /\!/ R_2 /\!/ R_3$ を計算せよ．

2.5　キルヒホッフの第1法則と第2法則

複数の電気部品（電子部品）をいくつかのつながったループに配置したものは電気回路（電子回路，または，単に回路）と呼ばれます．特に多数の部品がネットワーク状に配置されたものは，**回路網**と呼ばれます．

回路網に電源などが含まれている場合に，各部に流れる電流や任意の2点間の電圧を求めるための回路網解析の基本法則には，**キルヒホッフの法則**があります．この法則には，**電流連続の法則**と呼ばれる第1法則と，**電圧平衡の法則**と呼ばれる第2法則があります．

a.　キルヒホッフの第1法則（電流連続の法則）

回路網中の任意の分岐点において，流入，流出する電流の総和は0です．

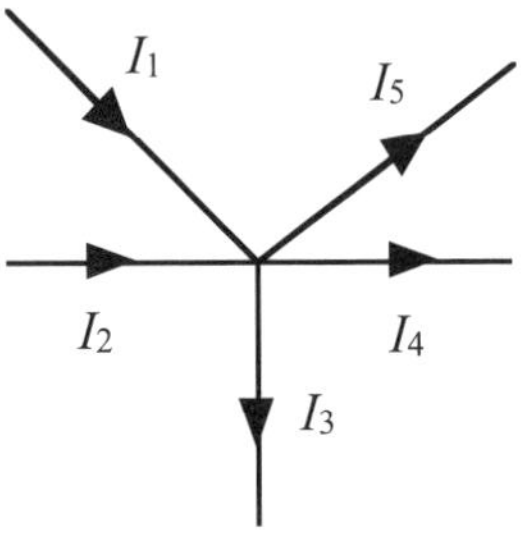

図 2.3　分岐点に流入，流出する電流

図2.3の場合では，電流 I_1 と I_2 は分岐点に流入する向きに流れ，電流 I_3, I_4 と I_5 は分岐点から流出する向きに流れています．この場合には，キルヒホッフの第1法則（電流連続の法則）を適用しますと，

$$I_1 + I_2 - I_3 - I_4 - I_5 = 0 \tag{2.7}$$

となります．

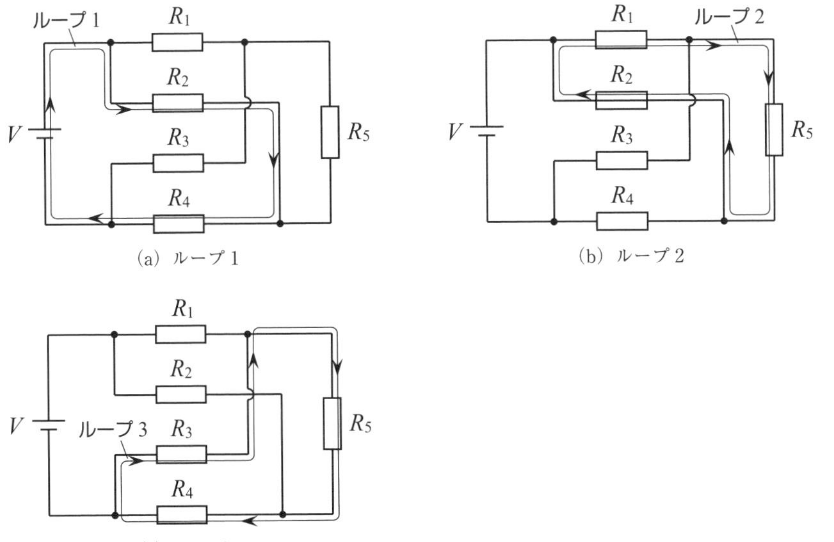

(a) ループ1　(b) ループ2　(c) ループ3

図2.4　3つの閉回路

b.　キルヒホッフの第2法則（電圧平衡の法則）

回路網中の任意の閉回路を一定向きに辿ると，各部の電圧の和は0になります．

ここで，閉回路とは回路網中の各部を順に辿っていって元に戻ってくる経路のことをいいます．図2.4の場合では，ループ1，ループ2とループ3の3つの閉回路が示されています．ほかにも，電池のプラス側端子から出発して，回路網の外周を回って電池に戻ってくる閉回路などがあります．

たとえば，ループ1にキルヒホッフの第2法則（電圧平衡の法則）を適用してみましょう．各抵抗に流れる電流を，それぞれ，I_1, I_2, I_3, I_4, I_5 とします．電池のマイナス側の端子から閉回路を辿っていきますと，電池を通ると電圧が上昇し，抵抗を通ると電圧が下降しますから，

$$V-I_2R_2-I_4R_4=0 \tag{2.8}$$

となりますね．次に，図2.4(b)の矢印に従って，抵抗 R_1 の左側の端子からループ2を辿りましょう．抵抗を通ると電圧が下降しますから，

$$-I_1R_1-I_5R_5-I_2R_2=0 \tag{2.9}$$

となってもよいはずですね．しかし，これは間違いです．正しくは，

$$-I_1R_1-I_5R_5+I_2R_2=0 \tag{2.10}$$

となります．なぜこんなことになったのでしょうか？　わかりますか？　たとえば，抵抗 R_2 と辿るときの向きは，ループ1の場合とループ2の場合でどうでしたでしょうか？　反対向きに辿りましたね．抵抗 R_2 に流れる電流は，ループの辿り方にかかわらず同じ向きのはずですが，(2.8) 式と (2.9) 式の扱いでは一貫していませんね．

そうです！　キルヒホッフの第2法則（電圧平衡の法則）を適用する場合には，抵抗などの回路部品を辿る場合の向きが重要なのです．ですから，以下のようなステップで正しく適用することが重要です．

c.　キルヒホッフの第2法則（電圧平衡の法則）の適用手順

［ステップ1］閉回路とそれを辿る向きを決める．

［ステップ2］抵抗に流れる電流の向きを仮定し，流れる電流の大きさを未知数とする．

［ステップ3］出発点を決めて，閉回路を辿っていき，各部の電圧の和を求めていく．ここで，部品が電池の場合には，辿る方向と電圧が増加する方向が同じ場合にはプラスの電圧（起電力）とし，逆方向の場合にはマイナスの電圧（起電力）とする．また，部品が抵抗の場合には，辿る方向と電流の向きが同じ場合には抵抗での電圧にはマイナスの符号をつけ，逆方向の場合には抵抗での電圧にはプラスの符号をつける．

たとえば，図2.4の場合に以下の図2.5のように，閉回路を辿る方向（図2.4の場合と同じ）と抵抗を流れる電流の方向を仮定したとします．すなわち，抵抗 R_1 から R_3 に対しては右向きに，抵抗 R_4 に対しては左向きに，抵抗 R_5 に対しては下向きに仮定します．すると，ループ1では，電池の部分は電圧が上昇する方向に辿り，抵抗 R_2 と R_4 については仮定した電流の方向とループ1を辿る方向とが同じですから，それぞれの抵抗の両端の電圧にマイナスをつけて，結局，式(2.8)が得られます．一方，ループ2では，抵抗 R_1 と R_5 については仮定した電流の方向とループ

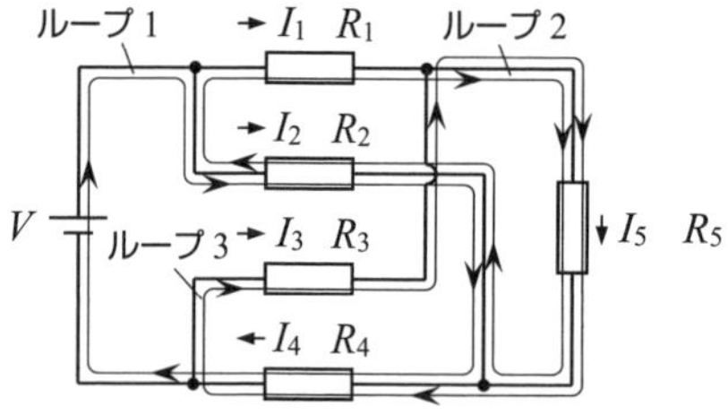

図2.5　抵抗に流れる電流と3つのループ

2を辿る方向が同じですから，それぞれの抵抗の両端の電圧は $-I_1R_1$ および $-I_5R_5$ となります．また，抵抗 R_2 ついては，仮定した電流の方向とループ2を辿る方向が逆となっていますので，抵抗の両端の電圧は I_2R_2 となり，

$$-I_1R_1-I_5R_5+I_2R_2=0 \qquad (2.10\ 再掲)$$

が得られます．

問 2.3　ループ3に対して，キルヒホッフの第2法則（電圧平衡の法則）を適用せよ．

2.4節では，直列接続と並列接続の合成抵抗値を与える式を示しましたが，キルヒホッフの法則を適用すれば，簡単に合成抵抗値が求められます．図2.6の2つの抵抗器の直列接続および並列接続の点aをプラス側，点bをマイナス側として電池を接続したとしましょう．まず，直列接続について考えてみましょう．閉回路は明らかに1つだけですね．閉回路は

電池のマイナス側 → プラス側 → 抵抗 R_1 → 抵抗 R_2 → 電池のマイナス側

と辿ることにしましょう．抵抗 R_1 と R_2 のどちらも左から右に電流が流れると仮定しましょう．そして，キルヒホッフの第2法則を適用しますと，

$$V-I_1R_1-I_2R_2=0 \qquad (2.11)$$

となります．直列接続ですので，

$$I_1=I_2=I \qquad (2.12)$$

が成立します．これを代入して整理しますと，

$$R_1+R_2=\frac{V}{I} \qquad (2.13)$$

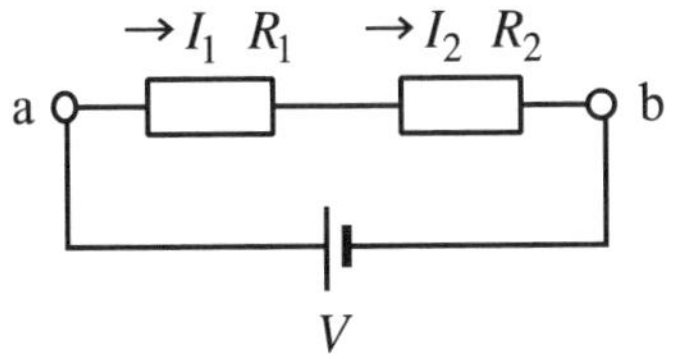

(a) 直列接続

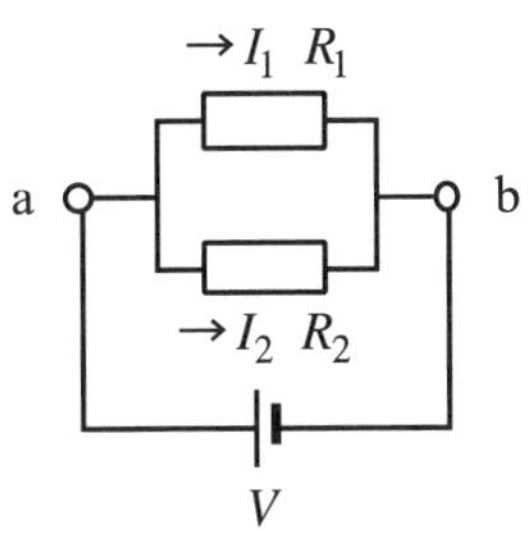

(b) 並列接続

図 2.6　電池を接続した2つの抵抗の直列接続と並列接続

となります．すなわち，直列接続した2つの抵抗器を1つの抵抗器をみなすと，その抵抗値は R_1+R_2 であることを示しています．

2.6　キルヒホッフの法則の適用

では，キルヒホッフの法則を適用して，簡単な回路網を解析してみましょう．

▌例題 2.1▌ 図 2.7 の回路に対して，それぞれの抵抗を流れる電流を求めてみましょう．

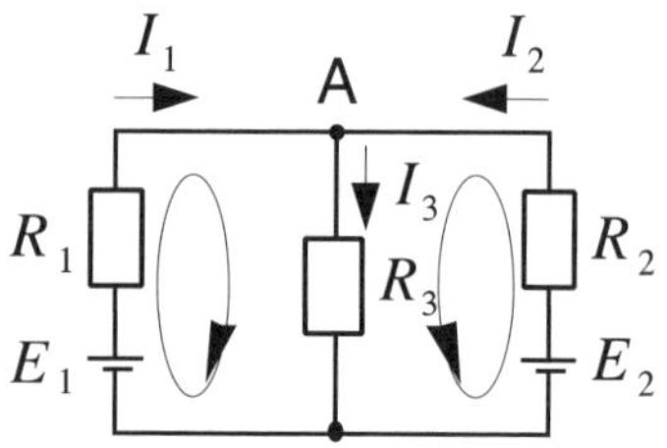

図 2.7　簡単な直流回路 1

答　キルヒホッフの第2法則（電圧平衡の法則）を適用するために，図の左側と右側の2つの閉回路を図の楕円で示した方向に辿るとします．また，各抵抗に流れる電流を図のように仮定します．

まず，図の A 点に対して，キルヒホッフの第1法則（電流連続の法則）を適用しますと，

$$I_1+I_2-I_3=0 \tag{2.14}$$

となります．次に，左側の閉回路を直流電圧源（電池）E_1 のマイナス側の端子から，矢印の方向に辿ると，キルヒホッフの第2法則（電圧平衡の法則）を適用して，

$$E_1-I_1R_1-I_3R_3=0 \tag{2.15}$$

が得られます．また，右側の閉回路についても同様にして，直流電圧源（電池）E_2 のマイナス側の端子から，矢印の方向に辿ると，キルヒホッフの第2法則を適用して，

$$E_2-I_2R_2-I_3R_3=0 \tag{2.16}$$

が得られます．

これらの3つの方程式を連立させて解きますと，電流 I_1, I_2, I_3 は，それぞれ，

$$I_1=\frac{(R_2+R_3)E_1-R_3E_2}{R_1R_2+R_2R_3+R_3R_1} \tag{2.17}$$

$$I_2=\frac{(R_1+R_3)E_2-R_3E_1}{R_1R_2+R_2R_3+R_3R_1} \tag{2.18}$$

$$I_3=\frac{R_2E_1+R_1E_2}{R_1R_2+R_2R_3+R_3R_1} \tag{2.19}$$

と求められます.

▌例題 2.2▌ 電圧計と電流計をそれぞれ1つずつ用いて，図2.8のように接続して，未知抵抗 R を測ることを考えましょう．ここで，電圧計は抵抗の両端の電圧を正しく表示し，電流計は挿入した場所の電流値を正しく表示するものとします．電圧計と電流計の読みが，それぞれ，V と I であったとするとき，以下の2つの場合，

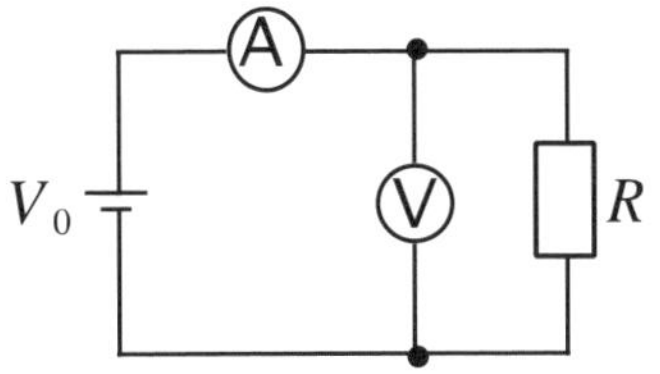

図 2.8　電圧計と電流計を1つずつ用いた未知抵抗計測回路1

（i）電圧計の内部抵抗が無限大，電流計の内部抵抗が0,

（ii）電圧計の内部抵抗が r_V，電流計の内部抵抗が r_I

について，未知抵抗を求めてみましょう．

答　（i）のとき，電圧計には電流は流れず，電流計の両端の電圧は0となりますから，回路は図2.9のようになり，電圧計は未知抵抗 R の両端の電圧，電流計は未知抵抗 R に流れる電流を計測していることになります．したがって，

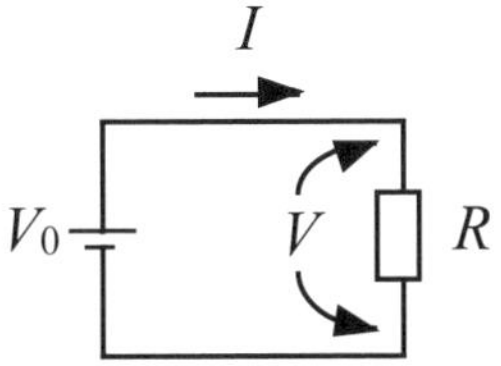

図 2.9　電圧計と電流計の内部抵抗がそれぞれ理想的な場合の未知抵抗計測回路1の等価回路

$$R=\frac{V}{I} \tag{2.20}$$

となります．

次に，（ii）のときは，回路は図2.10のようになり，電圧計は内部抵抗 r_V の両端の電圧（未知抵抗 R の両端の電圧）を，電流計は内部抵抗 r_I を流れる電流を測っていることになります．

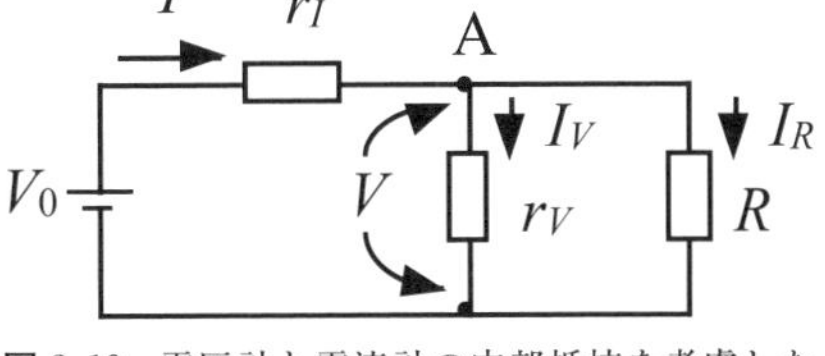

図 2.10　電圧計と電流計の内部抵抗を考慮した場合の未知抵抗計測回路1の等価回路

等価回路に示されたそれぞれの抵抗に流れる電流について，図のように方向と大きさを仮定します．図の点Aにお

いて，キルヒホッフの第1法則（電流連続の法則）を適用しますと，

$$I-I_V-I_R=0 \tag{2.21}$$

が得られます．また，図の右側の未知抵抗→電圧計の閉回路に対してキルヒホッフの第2法則（電圧平衡の法則）を適用しますと，

$$-I_RR+I_Vr_V=0 \tag{2.22}$$

が得られます．一方，内部抵抗 r_V の両端の電圧は電圧計の読みの V ですから，

$$V=I_Vr_V \tag{2.23}$$

が成立しています．

これらの連立方程式を解いて，未知抵抗の計測値 V/I を求めますと，

$$\frac{V}{I}=\frac{1}{\dfrac{1}{r_V}+\dfrac{1}{R}}=\frac{r_VR}{r_V+R} \tag{2.24}$$

が得られます．また，この解を変形しますと，

$$R=\frac{r_V\dfrac{V}{I}}{r_V-\dfrac{V}{I}} \tag{2.25}$$

となります．

例題2.2からわかりますように，電圧計や電流計に内部抵抗がありますと，計測結果が理想的な場合からずれてきます．この場合の誤差の大きさ e_{R1} は，真値 R との差の絶対値で与えられ，(2.25)式を用いて計算しますと，

$$e_{R1}=\left|\frac{V}{I}-R\right|=\left|\frac{V}{I}\cdot\frac{-\dfrac{V}{I}}{r_V-\dfrac{V}{I}}\right| \tag{2.26}$$

となります．この結果から，誤差の大きさは未知抵抗の計測値 V/I が大きいほど大きくなることがわかります．すなわち，未知抵抗 R が大きくなるほど，誤差の大きさが大きくなります．

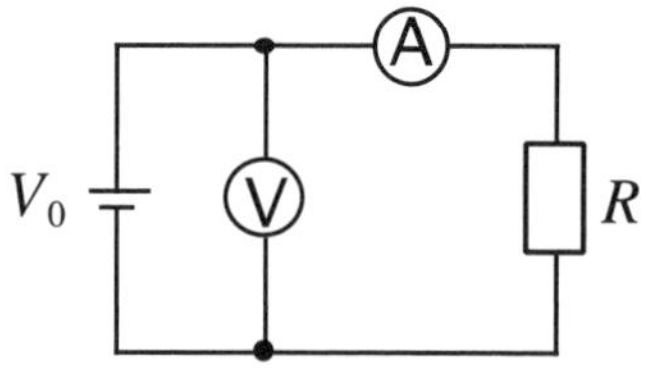

図2.11　電圧計と電流計を1つずつ用いた未知抵抗計測回路2

一方，電圧計と電流計を1つずつ用いて未知抵抗を計測するために，図2.11のような回路

を用いることもできます．この場合の誤差は電流計の内部抵抗 r_I となり，図 2.10 の場合とは異なり未知抵抗 R によらず誤差は一定となります．

練習問題

2.1　並列接続の抵抗値が $\dfrac{1}{R}=\dfrac{1}{R_1}+\dfrac{1}{R_2}$ で与えられることを，キルヒホッフの法則を用いて確認せよ．

2.2　図 2.12 のそれぞれの回路において，各抵抗に流れる電流を求めよ．

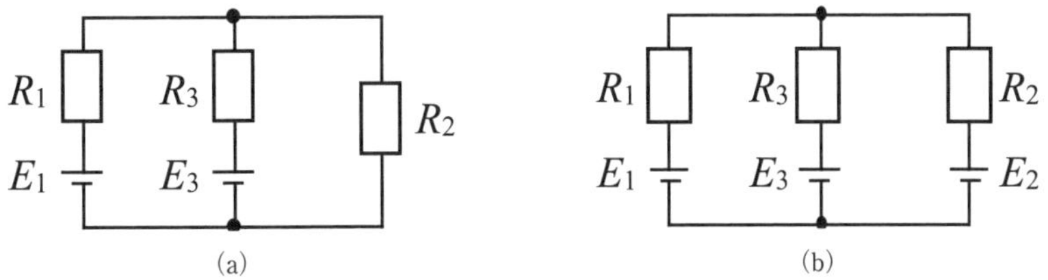

図 2.12　2 つの簡単な直流回路

2.3　図 2.11 のように電圧計と電流計を接続した場合に，未知抵抗の計測値 V/I を求めよ．また，計測誤差 $e_{R2}=\left|\dfrac{V}{I}-R\right|$ を求めよ．

2.4　図 2.13 のホイートストンブリッジ回路について，以下の問いに答えよ．

(1) 抵抗 R_5 に電流が流れないとき，抵抗 R_1 から R_4 の間に成り立つ条件式を求めよ．

(2) (1) の条件式が成り立たない場合に，抵抗 R_5 に流れる電流を求めよ．

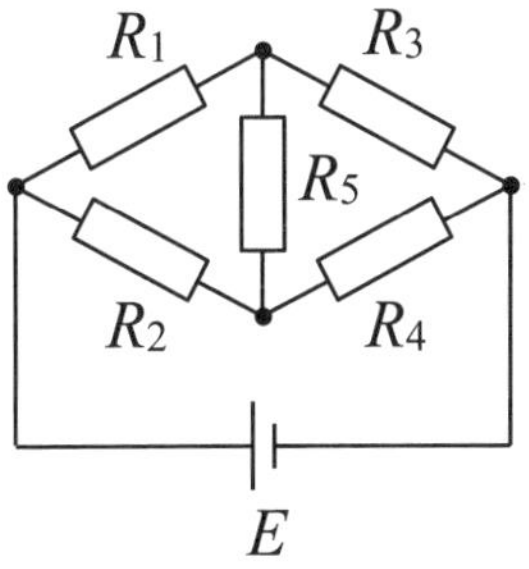

図 2.13　ホイートストンブリッジ回路

第 3 講

クーロンの法則と電界

第3講で学ぶクーロンの法則では，電荷間に働く力を記述します．物体に働く力は，同じ大きさでも方向が異なるとその効果はまったく異なりますので，ベクトル量です．したがって，第3講のテーマは，ベクトルを用いてクーロンの法則を理解することです．そこで，力をベクトルで表現することのメリットを理解しておきましょう．

例 3.1 xy 直交座標系において，2本の紐がついた荷物が原点にある．A くんと B さんは紐を1本ずつ持ち，それぞれの紐がぴんと張った状態で荷物を引っ張る．A くんは大きさ f_A の力で x 方向に，B さんは大きさ f_B の力で y 方向に引っ張ったとする．このとき，荷物に働く力を表現する．

ベクトルを用いずに表現するとなると，力の大きさが，

$$\sqrt{f_A{}^2+f_B{}^2}$$

であり，力の方向と x 方向のなす角 θ が，

$$\theta=\tan^{-1}\frac{f_B}{f_A}$$

であることを求めておいて，矢印を用いて力を図示するのではないだろうか？

一方，x 方向の単位ベクトルを $\boldsymbol{x}$，y 方向の単位ベクトルを $\boldsymbol{y}$ と表すとすると，A くんが引っ張る力は

$$f_A\boldsymbol{x}$$

と表すことができる．同様に考えて，B さんが引っ張る力や荷物に働く力を表現せよ．

二次元のベクトルですと図を用いて表現したほうがわかりやすいかもしれませんが，三次元のベクトルはどうでしょうか？　人間が生活している空間は三次元ですので，三次元空間での力が簡単な式で表現できると便利ですね．ただし，式

から力の実際の向きや大きさを想像できるようになるには，多少の訓練が必要です．

例 3.2　xyz 直交座標系において，3 本の紐がついた荷物が原点にある．A くん，B さん，C くんは紐を 1 本ずつ持ち，それぞれの紐がぴんと張った状態で荷物を引っ張る．A くんは大きさ f_A の力で x 方向に，B さんは大きさ f_B の力で y 方向に，C くんは大きさ f_C の力で z 方向に引っ張った．x，y および z 方向の単位ベクトルを，それぞれ，$\boldsymbol{x}$，$\boldsymbol{y}$，$\boldsymbol{z}$ と表すとして，荷物に働く力を表現せよ．

3.1　静電気と帯電，クーロンの法則

a.　静電気と帯電

静電気とは，動かない（静止した）電荷のことです．

帯電とは，電荷が溜まった状態をいいます．

点電荷とは，全電荷が 1 点に集中しているとみなせる電荷のことです．数学での点や力学での質点と同様の概念です．なお，電荷の単位は C（クーロン）です．

b.　クーロンの法則

クーロンの法則は，2 つの点電荷の間に働く力に関する法則です．

大きさ F は，2 つの電荷（Q_1, Q_2）の積の絶対値に比例し，2 つの電荷間の距離 r の 2 乗に反比例します．

$$F=\frac{1}{4\pi\varepsilon_0}\cdot\frac{|Q_1Q_2|}{r^2} \tag{3.1}$$

向きは，2 つの点電荷を結ぶ線上で，2 つの点電荷が同符号の場合には斥力，異符号なら引力の方向です．

（3.1）式で，ε_0 は真空の**誘電率**と呼ばれる定数で，

$$\varepsilon_0=8.854\times10^{-12}\,[\mathrm{C^2/(N\,m^2)}]=8.854\times10^{-12}\,[\mathrm{F/m}] \tag{3.2}$$

の値をもっています．ここで，単位の F はファラッドと呼ばれ，

$$1\,[\mathrm{F}]=1\,[\mathrm{C^2/(N\,m)}] \tag{3.3}$$

です．ファラッドはコンデンサの容量（キャパシタンス）を表す単位として，よ

く用いられています.

なお，電荷間に働く力は，**クーロン力**（**静電力**）と呼ばれます．2つの電荷に働くクーロン力は，大きさと向きを持っていますのでベクトル量です.

c.　クーロン力のベクトル表現

空間内の位置は，基準点からのベクトルを用いて表すことができます．たとえば，図3.1のように，A点の位置は原点Oから $\boldsymbol{r}_1$ だけ進んだ点として表すことができます.

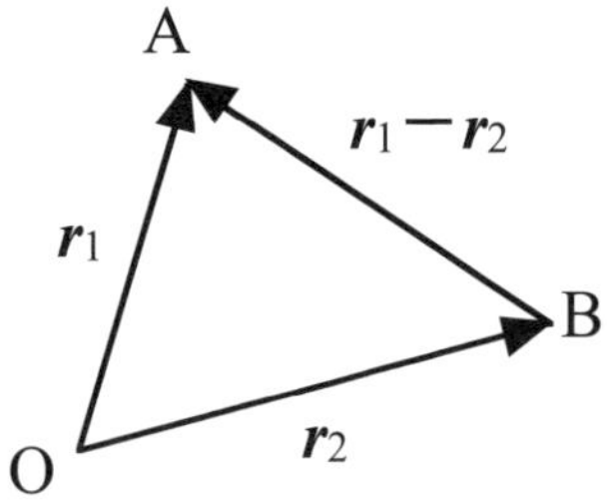

図3.1　位置のベクトル表示

空間内の2点 $\boldsymbol{r}_1$ と $\boldsymbol{r}_2$ に，それぞれ，Q_1 と Q_2 の点電荷がある場合に，$\boldsymbol{r}_2$ にある点電荷 Q_2 が $\boldsymbol{r}_1$ にある点電荷 Q_1 に及ぼすクーロン力 $\boldsymbol{F}_{12}$ は，

$$\boldsymbol{F}_{12}=\frac{Q_1Q_2}{4\pi\varepsilon_0}\cdot\frac{\boldsymbol{r}_1-\boldsymbol{r}_2}{|\boldsymbol{r}_1-\boldsymbol{r}_2|^3} \qquad (3.4)$$

で表現されます．なお，Q_1とQ_2は，正電荷の場合にはプラスの符号で，負電荷の場合にはマイナスの符号をつけて表します．(3.4) 式を

$$\boldsymbol{F}_{12}=\frac{1}{4\pi\varepsilon_0}\cdot\frac{|Q_1Q_2|}{|\boldsymbol{r}_1-\boldsymbol{r}_2|^2}\cdot\frac{Q_1Q_2}{|Q_1Q_2|}\cdot\frac{\boldsymbol{r}_1-\boldsymbol{r}_2}{|\boldsymbol{r}_1-\boldsymbol{r}_2|} \qquad (3.5)$$

のように，いくつかの項に分解して考えますと，$\dfrac{1}{4\pi\varepsilon_0}\cdot\dfrac{|Q_1Q_2|}{|\boldsymbol{r}_1-\boldsymbol{r}_2|^2}$ がクーロン力の大きさを表しており，単位ベクトルの $\dfrac{Q_1Q_2}{|Q_1Q_2|}\cdot\dfrac{\boldsymbol{r}_1-\boldsymbol{r}_2}{|\boldsymbol{r}_1-\boldsymbol{r}_2|}$ がクーロン力の向きを表しています.

問3.1　クーロン力のベクトル表現について，以下のことを，図を用いて確かめよ.

(1)　$|\boldsymbol{r}_1-\boldsymbol{r}_2|$ は，2点 $\boldsymbol{r}_1$ と $\boldsymbol{r}_2$ の距離を表している.

(2)　$\dfrac{Q_1Q_2}{|Q_1Q_2|}\cdot\dfrac{\boldsymbol{r}_1-\boldsymbol{r}_2}{|\boldsymbol{r}_1-\boldsymbol{r}_2|}$ は，クーロン力の向きを表している.

▶ **ちょっと余談**　クーロンの法則と万有引力の法則

クーロンの法則と同じ数学表現の法則に万有引力の法則があります．万有引力の法則は，「すべての物体の間には，それぞれの質量の積に比例し，物体間の距離の2乗に反比例する引力が働く」という法則で，クーロンの法則とは異なり引力しかありませんが，2つの物体の質量をそれぞれM_1，M_2とし，それぞれの物体の位置を$\boldsymbol{r}_1$，$\boldsymbol{r}_2$とすると，質量M_1がM_2より受ける万有引力$\boldsymbol{F}_{G12}$は，

$$\boldsymbol{F}_{G12} = -GM_1M_2 \cdot \frac{\boldsymbol{r}_1 - \boldsymbol{r}_2}{|\boldsymbol{r}_1 - \boldsymbol{r}_2|^3} \tag{3.6}$$

と表現されます．ここで，$G = 6.67 \times 10^{-11}\,[\mathrm{Nm^2/kg^2}]$は万有引力定数です．ここで，右辺に負号がついているのは，引力を表すためですね．

では，空間内に3つの点電荷Q_1，Q_2とQ_3があった場合には，点電荷Q_1にはどのような大きさや向きの力が働くでしょうか？　想定している状況を図3.2に示します．図では，Q_1，Q_2，Q_3は，いずれも正電荷としています．図3.2に示すように，Q_1は，Q_2から$\boldsymbol{F}_{12}$，Q_3から$\boldsymbol{F}_{13}$の力を受けます．すなわち，Q_1が受ける合力は，図3.2の$\boldsymbol{F}_1$となります．

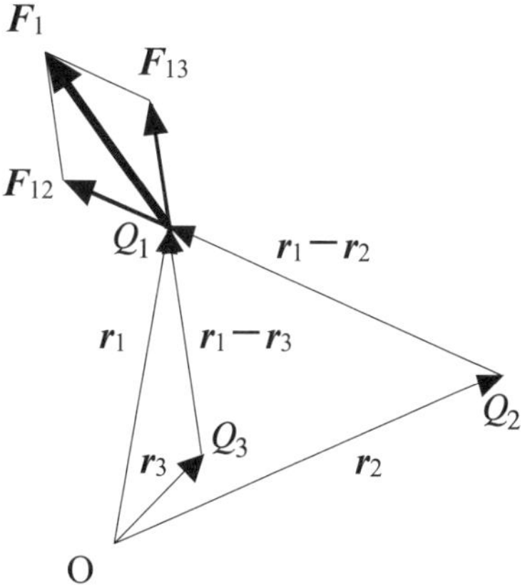

図3.2　空間内に3つの点電荷がある場合の点電荷Q_1に働く力

したがって，Q_1が受ける合力$\boldsymbol{F}_1$は，

$$\boldsymbol{F}_1 = \frac{Q_1Q_2}{4\pi\varepsilon_0} \cdot \frac{\boldsymbol{r}_1 - \boldsymbol{r}_2}{|\boldsymbol{r}_1 - \boldsymbol{r}_2|^3} + \frac{Q_1Q_3}{4\pi\varepsilon_0} \cdot \frac{\boldsymbol{r}_1 - \boldsymbol{r}_3}{|\boldsymbol{r}_1 - \boldsymbol{r}_3|^3} = Q_1\left\{\sum_{i=2}^{3} \frac{Q_i}{4\pi\varepsilon_0} \cdot \frac{\boldsymbol{r}_1 - \boldsymbol{r}_i}{|\boldsymbol{r}_1 - \boldsymbol{r}_i|^3}\right\} \tag{3.7}$$

と表現されます．

問3.2　図3.2において，点電荷Q_2やQ_3に働くクーロン力を描け．

【例題3.1】　図3.3のように，傾きがθの斜面の最下部に点電荷Qが固定されています．斜面に質量m，電荷Qの質点を静かに置いたところ，斜面上で静止しました．この状態における点電荷と質点の距離rを求めましょう．

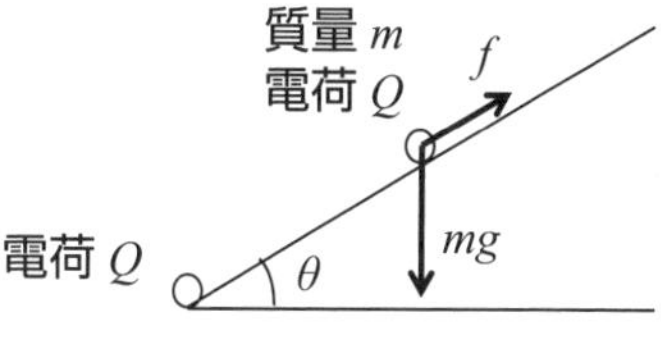

図3.3　斜面上の電荷を帯びた質点

答　クーロンの法則から，質点の受けるクーロン力は斜面に沿って上向きで，

その大きさ f は

$$f=\frac{1}{4\pi\varepsilon_0}\cdot\frac{Q^2}{r^2}$$

と表現されます．これが，質点の受ける重力の斜面に沿って下向きの成分とつり合いますから，

$$mg\sin\theta=\frac{1}{4\pi\varepsilon_0}\cdot\frac{Q^2}{r^2}$$

が成り立ちます．これから，

$$r=\frac{|Q|}{\sqrt{4\pi\varepsilon_0 mg\sin\theta}}$$

と求まります．

▌例題 3.2▌ 真空の容器内で，図 3.4 のように，それぞれの先に質量 m の点電荷 Q が取りつけられた，長さ l の 3 本の軽い糸を 1 点からつり下げたところ，それぞれの糸が鉛直線となす角度が θ となりました．重力加速度を g として，Q を求めてみましょう．（東辻浩夫：電磁気学（1989），培風館，P.13 を一部改変）

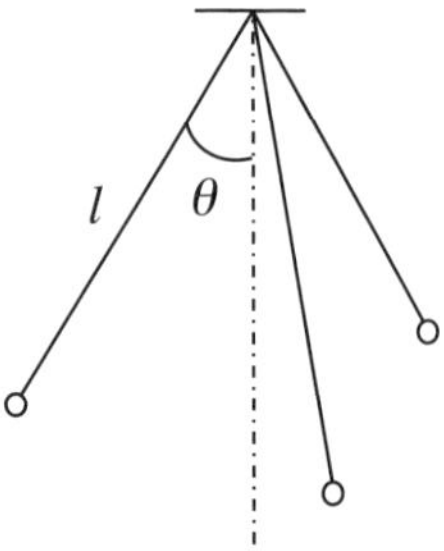

図 3.4　点電荷が取りつけられて 1 点からつり下げられた 3 本の糸

答　3 本の糸の先にある点電荷は同符号であるので反発し，また，対称性より，3 つの点電荷は正三角形をなし，糸の状態を真上から見ますと図 3.5（a）のようになります．正三角形の重心を P としますと，それぞれの点電荷と点 P の距離は $l\sin\theta$ となりますから，正三角形の 1 辺の長さは，$\sqrt{3}l\sin\theta$ となります．図 3.5（a）の上側の 2 つの点電荷が下側の点電荷に及ぼす反発力の大きさ f は，それぞれ，クーロンの法則より

$$f=\frac{1}{4\pi\varepsilon_0}\cdot\frac{Q^2}{(\sqrt{3}l\sin\theta)^2}$$

となり，2 つの反発力の合力の大きさ F は，

$$F=\sqrt{3}f=\sqrt{3}\frac{1}{4\pi\varepsilon_0}\cdot\frac{Q^2}{3l^2\sin^2\theta}=\frac{Q^2}{4\sqrt{3}\pi\varepsilon_0 l^2\sin^2\theta}$$

となります．また，糸の状態を真横から見ますと図 3.5（b）のようになってい

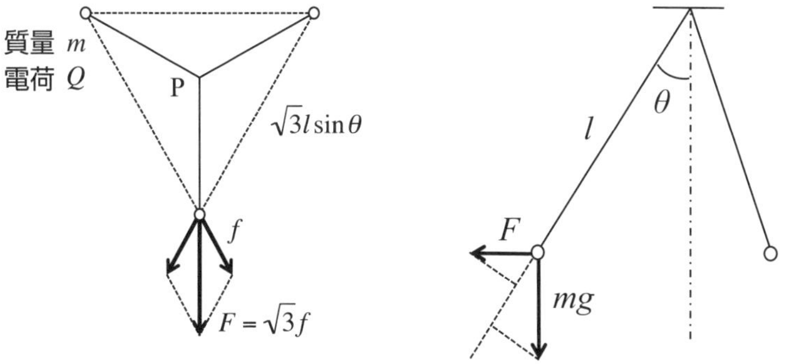

(a) 真上から見た図　　(b) 真横から見た図

図 3.5　3 本の糸を真上あるいは真横から見た図

ますので，合力の糸に垂直な方向の成分は重力の糸に垂直な方向の成分とつり合っており，

$$F\cos\theta=\frac{Q^2\cos\theta}{4\sqrt{3}\,\pi\varepsilon_0 l^2\sin^2\theta}=mg\sin\theta$$

が成り立ちます．

これから，Q は

$$Q=\pm\sqrt{\frac{4\sqrt{3}\,\pi\varepsilon_0 mgl^2\sin^3\theta}{\cos\theta}}$$

と求まります．

3.2　電界と電気力線

これまで説明してきましたクーロンの法則は，直接電荷間に力が働くとの考え方に基づく表現方法です．すなわち，点電荷のある空間は，点電荷以外には何もないのと同じ（あっても電荷間に働く力には何の影響も及ぼさない）と解釈しています．これに対して，1 つの点電荷の働きが空間に媒介されて間接的にほかの点電荷に伝わると解釈する考え方も成り立ちます．このとき，クーロン力を媒介する空間を**電界**（電場）と呼びます．

電荷の働きが間接的にほかの電荷に伝わるとの立場では，空間内に置かれた点電荷 q に働くクーロン力 $\boldsymbol{F}$ は，点電荷 q の場所での電界 $\boldsymbol{E}$ を用いて，

$$\boldsymbol{F}=q\boldsymbol{E} \tag{3.8}$$

と表現します.

原点に点電荷 Q があるとすると，位置 $\boldsymbol{r}$ に置かれた単位電荷（1 [C]）の点電荷に働くクーロン力 $\boldsymbol{F}$ は,

$$\boldsymbol{F}=1\cdot\boldsymbol{E}=\frac{1\cdot Q}{4\pi\varepsilon_0}\cdot\frac{\boldsymbol{r}}{|\boldsymbol{r}|^3} \tag{3.9}$$

と表すことができますから，原点に置かれた点電荷 Q が位置 $\boldsymbol{r}$ につくる電界 $\boldsymbol{E}$ は,

$$\boldsymbol{E}=\frac{Q}{4\pi\varepsilon_0}\cdot\frac{\boldsymbol{r}}{|\boldsymbol{r}|^3} \tag{3.10}$$

と表されます.

（3.8）式は,

$$\boldsymbol{E}=\frac{\boldsymbol{F}}{q} \tag{3.11}$$

と変形できますので，電界の単位は, [N/C] となることがわかります．なお，第5講で出てきますように，電界の単位は [V/m] でもあります.

電界に置かれた電荷が受ける静電気力につり合う力を加えながら，電荷を静電気力の方向へゆっくりと動かしたときに，電荷の移動を表した曲線は，**電気力線**と呼ばれます．電気力線の接線の方向は電界の方向に一致します.

問 3.3 電界の強さが 2.0×10^3 [N/C] の真空中に，電荷が $+1.0\times10^{-4}$ [C] の点電荷を置いたとき，点電荷が受けるクーロン力を求めよ.

問 3.4 以下の問いに答えよ.

（1） xyz 直交座標系の原点に置かれた正電荷による，xy 平面内の電界の方向を示せ.

（2） xyz 直交座標系の原点に置かれた負電荷による，xy 平面内の電界の方向を示せ.

▶ ちょっと脱線

電界の考え方は，ちょっと唐突でわかりにくいかもしれませんが，電界と同じ考え方をしているものには重力場があります．私たちが通常行動している空間においては，空間内に質量 m の物体があると，その物体には重力（ベクトル量）

が mg の大きさで鉛直下向きに働きますね．ここで，重力加速度の大きさ g は場所によって大きさが微妙に異なっていることもご存じですね．しかも，地球はほぼ球形ですから，鉛直方向は場所によって異なっており，物体に働く重力は場所によって異なっています．すなわち，重力加速度 $\boldsymbol{g}$ は空間の性質と解釈することができ，しかも，空間内にある質量 m の物体へ働く重力 $\boldsymbol{F}_G$ は，

$$\boldsymbol{F}_G = m\boldsymbol{g} \tag{3.12}$$

と表現できます．

3.3　電界の重ね合わせの原理

位置 $\boldsymbol{r}_0$ にある点電荷 Q_0 が，複数の点電荷 $Q_i\,(i=1,\ldots,N)$ から受けるクーロン力を考えましょう．ここで，点電荷 Q_i は位置 $\boldsymbol{r}_i$ にあるとします．

点電荷 Q_0 は，点電荷 Q_i のすべてからクーロン力を受けています．したがって，点電荷 Q_0 が受けるクーロン力を求めるには，まず，点電荷 Q_0 が点電荷 Q_i から受けるクーロン力 $\boldsymbol{F}_{0i}$ を求めます．そして，それらの力の合成を求めることにより，点電荷 Q_0 が複数の点電荷 Q_i から受けるクーロン力 $\boldsymbol{F}_0$ を求めることができます．すなわち，

$$\boldsymbol{F}_0 = \sum_{i=1}^{N} \frac{Q_0 Q_i}{4\pi\varepsilon_0} \cdot \frac{\boldsymbol{r}_0 - \boldsymbol{r}_i}{|\boldsymbol{r}_0 - \boldsymbol{r}_i|^3} = Q_0 \sum_{i=1}^{N} \frac{Q_i}{4\pi\varepsilon_0} \cdot \frac{\boldsymbol{r}_0 - \boldsymbol{r}_i}{|\boldsymbol{r}_0 - \boldsymbol{r}_i|^3} \tag{3.13}$$

と表現されます．また，点電荷 Q_0 の位置での電界を $\boldsymbol{E}_0$ としますと，電界の定義式（3.8）から，

$$\boldsymbol{F}_0 = Q_0 \boldsymbol{E}_0 \tag{3.14}$$

とも表現されます．式（3.13）と式（3.14）から，

$$\boldsymbol{E}_0 = \sum_{i=1}^{N} \frac{Q_i}{4\pi\varepsilon_0} \cdot \frac{\boldsymbol{r}_0 - \boldsymbol{r}_i}{|\boldsymbol{r}_0 - \boldsymbol{r}_i|^3} \tag{3.15}$$

となります．これは，それぞれの点電荷 Q_i が位置 $\boldsymbol{r}_0$ につくる電界のベクトル和となっています．これは**電界の重ね合わせの原理**と呼ばれています．

3.4　電荷のつくる電界

真空中に2つの電荷のみがある場合の電界を調べてみましょう．いま，図3.6 (a) のように，2つの正電荷 $+Q_0$ のみが真空中にあるとします．このとき，空間の各位置での電界の方向は，その位置に1[C]の正電荷を置いたときの，2つの正電荷 $+Q_0$ によるそれぞれのクーロン力を合成した方向となりますね．このようにしてすべての位置での電界の方向を求めて電気力線を描きますと図3.6 (a) の実線のようになります．図には第6講で学ぶ等電位線も破線で描いています．また，正電荷 $+Q_0$ と負電荷 $-Q_0$ が1つずつ真空中にある場合には，電気力線と等電位面は図3.6 (b) のようになります．

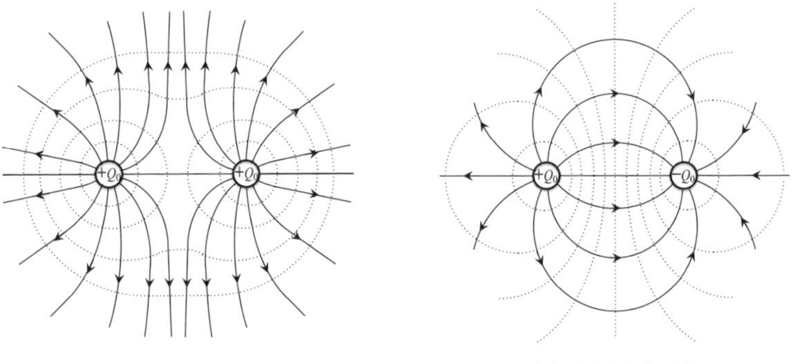

(a) 正電荷と正電荷　　(b) 正電荷と負電荷

図3.6　2つの電荷がつくる電気力線と等電位面

▌例題3.3▌ 2つの電荷による電界：　図3.7のように，平面上に2つの電荷 $+Q_1=+6\times10^{-9}$ [C] と $-Q_2=-6\times10^{-9}$ [C] が置かれている．ここで，$r=1$ [m] である．この平面上の点A, B, C, および, Dでの電界を求めてみましょう．

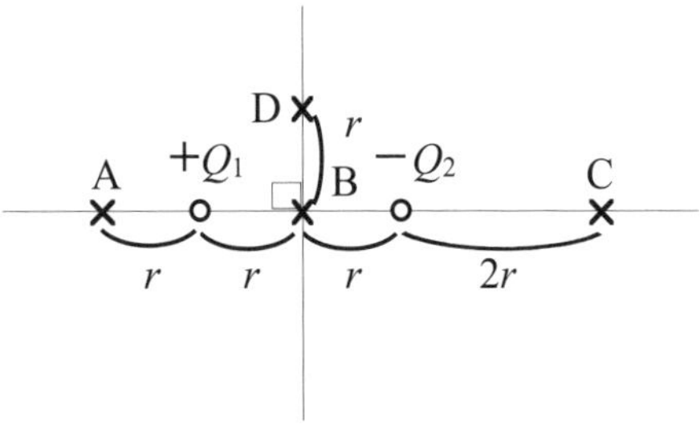

図3.7　平面上に置かれた2の電荷

答　まず，点Aに1[C]の正電荷を置いたとすると，この正電荷には電荷 $+Q_1$ から左向きの力を受け，電荷 $-Q_2$ からは右向きの力を受けます．これらの2つの力を合成しますと，左向きに，

$$\frac{1}{4\pi\varepsilon_0}\left(\frac{6\times10^{-9}}{1^2}-\frac{6\times10^{-9}}{3^2}\right)=\frac{\frac{16}{3}\times10^{-9}}{4\pi\varepsilon_0}\ [\mathrm{N}]$$

となります．したがって，点Aでの電界は，左向きで，その大きさは

$$\frac{\frac{16}{3}\times10^{-9}}{4\pi\varepsilon_0}=\frac{4\times10^{-9}}{3\pi\varepsilon_0}\ [\mathrm{N/C}]$$

となります．

同様にして，点Bでの電界は，右向き，

$$\frac{1}{4\pi\varepsilon_0}\left(\frac{6\times10^{-9}}{1^2}+\frac{6\times10^{-9}}{1^2}\right)=\frac{12\times10^{-9}}{4\pi\varepsilon_0}=\frac{3\times10^{-9}}{\pi\varepsilon_0}\ [\mathrm{N/C}]$$

の大きさ，点Cでは左向き，

$$\frac{1}{4\pi\varepsilon_0}\left(\frac{6\times10^{-9}}{2^2}-\frac{6\times10^{-9}}{4^2}\right)=\frac{\frac{9}{8}\times10^{-9}}{4\pi\varepsilon_0}=\frac{9\times10^{-9}}{32\pi\varepsilon_0}\ [\mathrm{N/C}]$$

の大きさとなります．一方，点Dでは，電荷 $+Q_1$ により，斜め右上向きに，

$$\frac{1}{4\pi\varepsilon_0}\times\frac{6\times10^{-9}}{(\sqrt{2})^2}=\frac{3\times10^{-9}}{4\pi\varepsilon_0}\ [\mathrm{N/C}]$$

の大きさ，電荷 $-Q_2$ により，斜め右下向きに，

$$\frac{1}{4\pi\varepsilon_0}\times\frac{6\times10^{-9}}{(\sqrt{2})^2}=\frac{3\times10^{-9}}{4\pi\varepsilon_0}\ [\mathrm{N/C}]$$

の大きさの電界が働いていますので，それらを合成して，

$$\text{右向き，}\quad\frac{3\sqrt{2}\times10^{-9}}{4\pi\varepsilon_0}\ [\mathrm{N/C}]$$

の大きさの電界となります．

電荷は空間内に連続的に分布している場合も多く，この場合には電界は積分を用いて求めることになります．簡単な例題をいくつか挙げておきましょう．

▌例題 3.4▌　直線状に分布した電荷のつくる電界：　図3.8のように，長さ l [m] の細い絶縁体の棒に単位長さ (1 [m]) 当たり $+\lambda$ [C/m] の電荷が分布しています．棒の延長線上で距離 r [m] だけ離れた点Aでの電界 $\boldsymbol{E}$ [N/C] を求めてみ

ましょう．

答　電界はベクトル量ですので，まず，電界の方向を調べておきましょう．絶縁体のどの部分にも正の電荷が分布していますので，点Aでの電界の方向は右向きとなることは明らかですね．

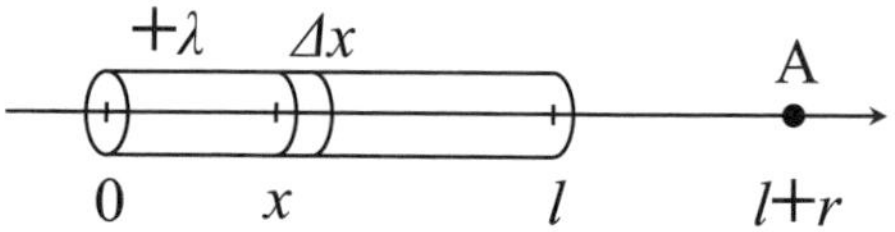

図3.8　直線状に分布した電荷

次に電界の大きさ E ですが，絶縁体の左端を原点とした一次元座標において，Δx を微小長さとするとき，座標 x（$0\leq x\leq l$）と座標 $x+\Delta x$ の間の微小電荷 Δq は，

$$\Delta q=\lambda\Delta x \tag{3.16}$$

となりますね．そして，この微小電荷による点Aでの微小電界の大きさ ΔE は，

$$\Delta E=\frac{1}{4\pi\varepsilon_0}\times\frac{\lambda\Delta x}{(l+r-x)^2} \tag{3.17}$$

となります．したがって，絶縁体の棒による電界の大きさ E は，x を0から l まで変化させて微小電荷を積分することにより求められ，

$$E=\int_0^l\frac{1}{4\pi\varepsilon_0}\times\frac{\lambda}{(l+r-x)^2}dx=\frac{\lambda}{4\pi\varepsilon_0}\left[\frac{1}{l+r-x}\right]_0^l$$

$$=\frac{\lambda}{4\pi\varepsilon_0}\left(\frac{1}{r}-\frac{1}{l+r}\right)=\frac{\lambda l}{4\pi\varepsilon_0 r(l+r)} \tag{3.18}$$

となります．

▌例題3.5▌　均一に帯電した平面のつくる電界：　図3.9のように，半径 a [m]の薄い円盤の表面に単位面積（1 [m²]）当たり $+\sigma$ [C/m²] の電荷が分布しています．円盤の中心から垂直に距離 r [m] だけ離れた点Aでの電界 $\boldsymbol{E}$ [N/C] を

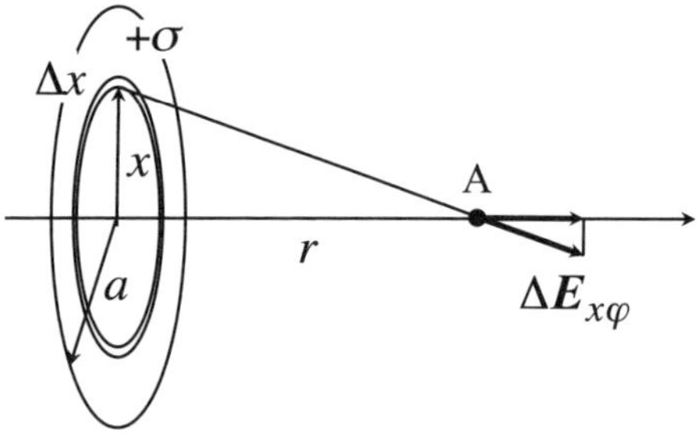

図3.9　均一に帯電した円盤のつくる電界

求めてみましょう．

答　円盤の中心から半径 x [m] 離れた円盤上の点にある微小電荷 Δq が A 点の位置につくる微小電界 $\Delta\boldsymbol{E}_{x\varphi}$ は，図 3.9 に示した矢印のようになります．そして，その微小電界 $\Delta\boldsymbol{E}_{x\varphi}$ の円盤に垂直な成分 $\Delta E_{x\varphi 1}$ は，

$$\Delta E_{x\varphi 1}=\frac{1}{4\pi\varepsilon_0}\times\frac{\Delta q}{x^2+r^2}\times\frac{r}{\sqrt{x^2+r^2}} \tag{3.19}$$

となります．微小電荷 Δq が円盤の中心から半径 x [m] 離れた円盤上の点にあれば，A 点につくる微小電界の円盤に垂直な成分はすべて等しくなります．しかも，対称性から，円盤に平行な平面上の成分は，円盤の中心の反対側にある微小電荷 Δq による成分と打ち消し合います．円盤の中心から半径 x [m] と $x+\Delta x$ [m] にある輪状部分にある電荷の総量 ΔQ は，

$$\Delta Q=\sigma(2\pi x)\Delta x=2\pi\sigma x\Delta x \tag{3.20}$$

ですから，この電荷が A 点につくる電界の円盤に垂直な成分 ΔE_{x1} は，

$$\Delta E_{x1}=\frac{1}{4\pi\varepsilon_0}\times\frac{2\pi\sigma x\Delta x}{x^2+r^2}\times\frac{r}{\sqrt{x^2+r^2}} \tag{3.21}$$

となります．したがって，円盤上の電荷が A 点につくる電界の円盤に垂直な成分 E_1 は，x を 0 から a まで変化させて ΔE_{x1} を積分することにより求められ，

$$\begin{aligned}E_1&=\int_0^a\frac{1}{4\pi\varepsilon_0}\times\frac{2\pi\sigma x dx}{x^2+r^2}\times\frac{r}{\sqrt{x^2+r^2}}\\&=\frac{\sigma r}{2\varepsilon_0}\int_0^a\frac{x}{(x^2+r^2)^{3/2}}dx=\frac{\sigma r}{2\varepsilon_0}\left[\frac{-1}{(x^2+r^2)^{1/2}}\right]_0^a\\&=\frac{\sigma r}{2\varepsilon_0}\left(\frac{1}{r}-\frac{1}{\sqrt{a^2+r^2}}\right)\end{aligned} \tag{3.22}$$

と計算されます．

練習問題

3.1　重力が働かない真空中において，原点に点電荷 A (+4 [C])，座標(3, 0, 0)に点電荷 B (+1 [C]) がそれぞれ固定されている．ここで，座標の単位は m である．空間に点電荷 C (+1 [C]) を置いたところ，2 つの点電荷 A，B からのクーロン力がつり合い，点電荷 C は静止した．点電荷 C を置いた座標を求めよ．

3.2　真空中に長さ 2 [m] の絶縁体の細い棒があり，棒の両端と真ん中のそれぞれに $+Q$ [C] の点電荷が置かれている．このとき，棒の真ん中から棒に垂直に 1 [m] 離れた場所での電界の大きさを求めよ．

3.3　真空の容器があり，内部に 10^2 [N/C] の電界がかかっている．この容器内で，質量 100 [g]，電荷 Q [C] の金属の小球を真空中で静かに離したところ，上昇も下降もせずに静止した．重力加速度を 9.8 [m/s^2] として，電荷 Q を求めよ．

3.4　真空の容器内で，質量 0.01 [kg]，電荷 Q [C] の小さな電荷が取りつけられた，長さ 1 [m] の 2 本の糸を 1 点からつり下げたところ，小さな電荷同士が 0.1 [m] 離れて静止した．重力加速度を 9.8 [m/s^2] として，電荷 Q を求めよ．

3.5　真空の容器内で，質量 m，電荷 Q の小さな電荷が取りつけられた長さ l の糸と，質量 m，電荷 $2Q$ の小さな電荷が取りつけられた長さ l の糸とを，1 点からつり下げたところ，2 本の糸は 2θ だけ広がって静止した．重力加速度を g として，電荷 Q を求めよ．

第 4 講

ガウスの法則（積分形）とその適用

第 4 講では，電磁気学の重要な法則の 1 つでありますガウスの法則（積分形）を学びます．ガウスの法則（積分形）をイメージ的に理解するために，点光源からの放射される光（光子）による光発電を考えてみましょう．

点光源からある角度範囲内で放射された光子の受光面積は，距離 r の 2 乗に比例します．したがって，点光源から距離 r だけ離れた位置（点）において，単位時間当たりに観察される点光源から放射される光子の数（光の強さ）p は，距離 r の 2 乗に反比例することになります．すなわち，

$$p=\frac{Q}{r^2} \tag{4.1}$$

と表現できますね．ここで，Q は点光源から単位時間に放射される光子の数（点光源の強さ）を表します．(4.1) 式は，係数はともかくクーロン力を表す式と同じ形をしていることに注意してください．また，点光源からの光子は四方八方に放射されていますね．すなわち，光子の放射の様子は球対称です．

この光子を利用してソーラーパネルによって発電することを考えてみましょう．ここでは，ソーラーパネルにあたった光子の数に比例して発電されるとします．すなわち，単位時間当たりの発電量 e は，ソーラーパネル全体に単位時間にあたる光子の数 P により，

$$e=kP \tag{4.2}$$

と表されるとします．

例 4.1 面積 ΔS が十分小さいソーラーパネルを，点光源との距離 r の位置に，点光源からの光子が垂直にあたるように置いた場合，単位時間当たりの発電量 Δe はいくらになるか．

例 4.2 点光源の位置を中心とした半径 r の球面状のソーラーパネル（内側

がソーラーパネル）により，点光源を覆った場合の単位時間当たりの発電量 e はいくらとなるか．また，発電量 e は球面状ソーラーパネルの半径に依存しないが，これはなぜか．

例 4.3 点光源を凸凹のあるソーラーパネルで覆った場合には，単位時間当たりの発電量 e はいくらとなるか．また，それはなぜか．

4.A ベクトルの内積

高校の数学で学んだように，2つのベクトル $\boldsymbol{a}$ と $\boldsymbol{b}$ に対して，

$$\boldsymbol{a}\cdot\boldsymbol{b}=|\boldsymbol{a}||\boldsymbol{b}|\cos\theta \tag{4.3}$$

は $\boldsymbol{a}$ と $\boldsymbol{b}$ の内積と呼ばれます．ここで，θ はベクトル $\boldsymbol{a}$ と $\boldsymbol{b}$ のなす角です．2つのベクトルを xyz 直交座標系において，

$$\boldsymbol{a}=(a_1, a_2, a_3), \qquad \boldsymbol{b}=(b_1, b_2, b_3)$$

と表しますと，$\boldsymbol{a}$ と $\boldsymbol{b}$ の内積は，

$$\boldsymbol{a}\cdot\boldsymbol{b}=a_1b_1+a_2b_2+a_3b_3 \tag{4.4}$$

となります．

問 4.1 原点Oを基準とする xyz 直交座標系がある．以下の問いに答えよ．

(1) xy 平面に垂直で，z 成分が正となる単位ベクトル $\boldsymbol{n}$ を求めよ．

(2) ベクトル $\boldsymbol{a}=(a_1, a_2, a_3)$ と (1) で求めた $\boldsymbol{n}$ との内積を求めよ．

(3) (1) と (2) の結果から，面に垂直な単位ベクトルとの内積に関して，何がいえるか．

4.B 重積分

重積分は，多変数関数に関する積分であり，2変数で積分する場合には二重積分（面積分），3変数で積分する場合には三重積分（体積積分）などと呼びます．

たとえば，xy 座標系における2変数関数 $f(x, y)$ に対して，$x_1 \leq x \leq x_2$ と $y_1 \leq y \leq y_2$ を満たす領域での $f(x, y)$ の二重積分

$$V=\int_{y_1}^{y_2}\int_{x_1}^{x_2} f(x, y)dxdy=\int_{y_1}^{y_2}\int_{x_1}^{x_2} fdxdy \tag{4.5}$$

は，図4.1のように，$f(x, y)$ が表す曲面と xy 平面との間の体積を表します．また，領域を S と表現し，その領域での微小領域を dS と表して，

$$V=\int_S f dS=\iint_S f dS \quad (4.6)$$

とも表現します．

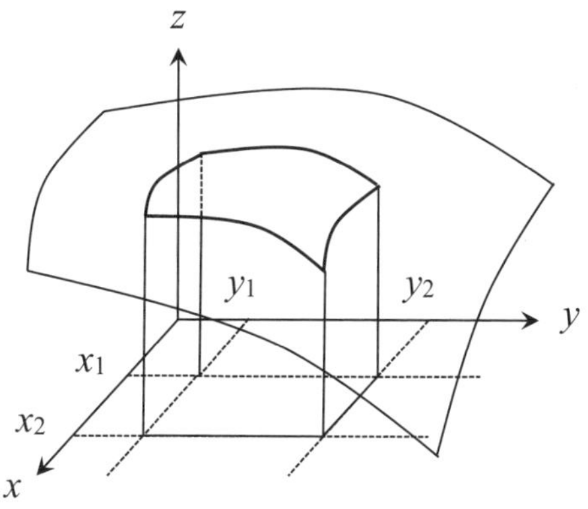

図 4.1　二重積分の積分領域と体積

二重積分の意味を理解するために，図4.2のように，壁にレリーフをつくる場合を考えましょう．壁の大きさを測り，レリーフをつくるためのセメントなどの材料を用意しないといけませんね．このとき，すでに下絵はできあがっており，どの場所でどの厚みでセメントを塗るかは，たとえば壁の左下を原点とする xy 座標系における2変数関数 $f(x, y)$ として表されているとします．そうすると，必要なセメント量の見積もり方法として，横に（x 方向に）下絵を dy ずつに区切り，それぞれの帯状の部分に必要なセメントの量を見積もって，すなわち，

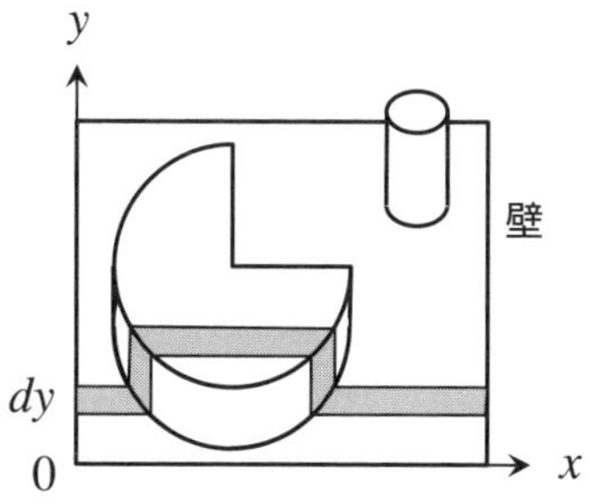

図 4.2　レリーフに必要なセメント量の見積もり

$$V_y(y)=\int_{x_1}^{x_2} f(x, y)dx \quad (4.7)$$

を計算し，すべての帯状部分の和を求めればよいですね．すなわち，

$$V=\int_{y_1}^{y_2} V_y(y)dy=\int_{y_1}^{y_2}\int_{x_1}^{x_2} f(x, y)dxdy \quad (4.8)$$

となりますね．また，以下のようにしてもセメント量を見積もれます．すなわち，パッチワーク的に考えて，壁を小さな長方形 dS に分割し，その長方形部分に必要なセメント量を見積もって，その総和をとるという方法です．数式で表現しますと，

$$V=\int_S f(x, y)dS \quad (4.9)$$

となりますね．もちろん，微小な図形の総和が壁になればよいですから，微小な図形は長方形でなくてもよいことは理解できます．

問 4.2　以下の問いに答えよ．

(1) 直角をはさむ2辺の長さが1の直角二等辺三角形を底面に持ち，高さが2の三角柱の体積を求めよ．

(2) $f(x,y)=x$ の領域 $0 \leq x \leq 1$ と $0 \leq y \leq 2$ での二重積分 $\int_0^2 \int_0^1 x dx dy$ を求めよ．

4.C　電界の面積分

ガウスの法則（積分形）の理解に必要な，**電界の面積分**を説明します．

表裏が定められている曲面 S を考え，図4.3のように曲面 S を多数の微小な面に分割します．分割を細かくすれば，それぞれの分割面は平面と近似できます．各面を区別するために，それぞれの分割面に番号 i をつけておき，分割面 i の面積を ΔS_i とします．また，分割面 i に対して外向き（裏から表の向き）にとった単位法線ベクトルを $\boldsymbol{n}_i$ とします．単位法線ベクトルですから，大きさは1（すなわち，$|\boldsymbol{n}_i|=1$）で，$\boldsymbol{n}_i$ は平面 ΔS_i に垂直です．

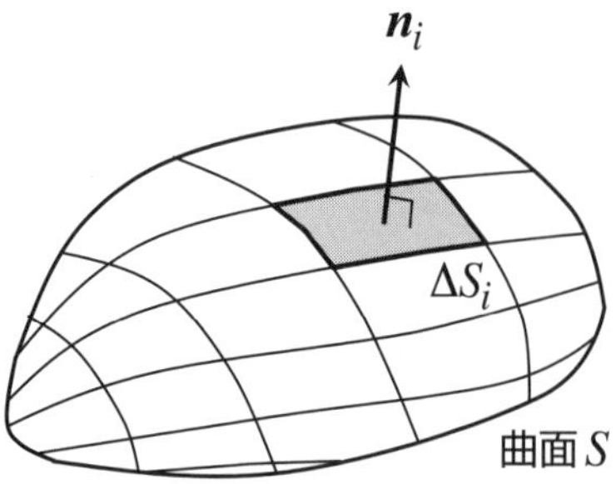

図 4.3　曲面の多数の微小な面への分割

ここで，分割面での電界 $\boldsymbol{E}_i$ を考えます．分割面は微小ですので，分割面上の各点で $\boldsymbol{E}_i$ は同じと近似できます．そして，2つのベクトル $\boldsymbol{E}_i$ と $\boldsymbol{n}_i$ の内積に分割面の面積 ΔS_i をかけたもの

$$(\boldsymbol{E}_i \cdot \boldsymbol{n}_i)\Delta S_i$$

のすべての和

$$\sum_i (\boldsymbol{E}_i \cdot \boldsymbol{n}_i)\Delta S_i$$

の分割数を無限大としたとき（分割面の面積 ΔS_i を無限小としたとき）の極限

$$\lim_{\Delta S_i \to 0} \sum_i (\boldsymbol{E}_i \cdot \boldsymbol{n}_i)\Delta S_i$$

を**電界の法線成分の面積分**と呼びます．そして，この面積分は，

$$\int \boldsymbol{E}\cdot\boldsymbol{n}dS \text{ や } \int \boldsymbol{E}\cdot d\boldsymbol{S}$$

と表されます．ここで，$d\boldsymbol{S}$（$=\boldsymbol{n}dS$）は**面要素**や**面要素ベクトル**と呼ばれます．

▌例題 4.1▌ 原点に点電荷 Q があるとき，原点を中心とする半径 r の球面についての面積分に対して，

$$\int_S \boldsymbol{E}\cdot d\boldsymbol{S} = \frac{Q}{\varepsilon_0}$$

が成立することを示しましょう．ここで，ε_0 は真空の誘電率です．

答 原点にある点電荷 Q が点 $\boldsymbol{r}$ につくる電界 $\boldsymbol{E}$ は，第 3 講で説明しましたように，

$$\boldsymbol{E} = \frac{Q}{4\pi\varepsilon_0}\cdot\frac{\boldsymbol{r}}{|\boldsymbol{r}|^3} \qquad (3.10 \text{ 再掲})$$

となります．球面上の点での球面に対する単位法線ベクトル $\boldsymbol{n}$ の向きは，原点にある点電荷 Q がその点につくる電界の向きと等しい（平行）ですから，

$$\boldsymbol{r}\cdot\boldsymbol{n} = r \qquad (4.10)$$

が成り立ちます．したがって，球面の微小部分（面積：dS）に対して，

$$\boldsymbol{E}\cdot d\boldsymbol{S} = \boldsymbol{E}\cdot\boldsymbol{n}dS = \left(\frac{Q}{4\pi\varepsilon_0}\cdot\frac{\boldsymbol{r}}{|\boldsymbol{r}|^3}\right)\cdot\boldsymbol{n}dS = \frac{Q}{4\pi\varepsilon_0}\cdot\frac{1}{r^2}dS \qquad (4.11)$$

となります．球面上では原点からの距離は半径 r に等しく一定ですから，$\boldsymbol{E}$ の球面に対する面積分は，

$$\int_S \boldsymbol{E}\cdot d\boldsymbol{S} = \int_S \frac{Q}{4\pi\varepsilon_0}\cdot\frac{1}{r^2}dS = \frac{Q}{\varepsilon_0} \qquad (4.12)$$

となります．

問 4.3　（4.12）式を確かめよ．

4.1　ガウスの法則（積分形）

例題 4.1 では，球面の内部に点電荷 Q がある場合を扱いましたが，任意の閉曲面に対して（4.12）式は成立し，この関係式は**ガウスの法則（積分形）**と呼ばれています．

a.　ガウスの法則（積分形）

任意の閉曲面 S に対する電場の法線成分の面積分は，その閉曲面内の電荷の総和を真空の誘電率で割ったものに等しい．

$$\int_S \boldsymbol{E}\cdot\boldsymbol{n}dS=\int_S \boldsymbol{E}\cdot d\boldsymbol{S}=\frac{Q}{\varepsilon_0} \tag{4.13}$$

空間に電荷が対称に分布している場合には，適当な閉曲面を考慮してガウスの法則（積分形）を適用することにより，比較的簡単に解析的に電界を求めることができます．

b.　ガウスの法則（積分形）の適用方法

①適当な閉曲面 S を考えます．

解析的に解ける問題の場合には，たいてい，球対称や線対称などを利用しますので，閉曲面には球面や円柱の表面などを考えます．

②閉曲面 S 内の電荷の総和を計算します．これが，ガウスの法則（積分形）の右辺となります．

③閉曲面 S 上での電界の形を仮定します（図 4.4）．

球対称を利用して閉曲面に球面を選んだ場合には，電界の向きは球の中心から放射状となりますので，球の中心を原点とする極座標での位置 $\boldsymbol{r}=(r,\theta,\varphi)$ での電界 $\boldsymbol{E}(\boldsymbol{r})$ を

$$\boldsymbol{E}(\boldsymbol{r})=E(r)\frac{\boldsymbol{r}}{r} \tag{4.14}$$

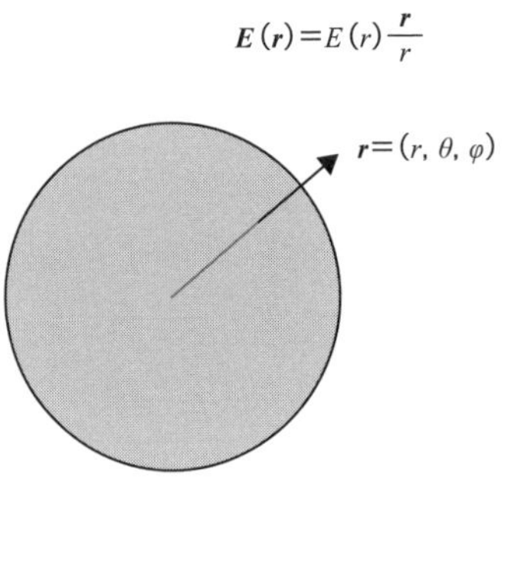

(a) 球対称の場合

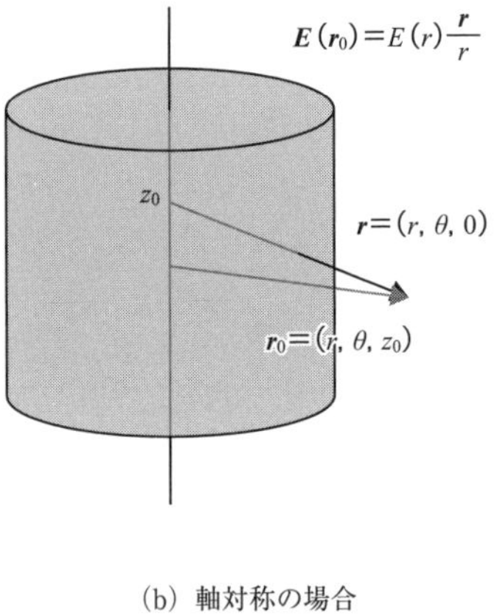

(b) 軸対称の場合

図 4.4　電界の形の仮定方法

と電界の形を仮定する場合が多いです．ここで，$r=|\boldsymbol{r}|$，$E(r)=|\boldsymbol{E}(r)|$ です．

また，線対称を利用して閉曲面に円柱の表面を選んだ場合には，電界の向きは円柱の軸を中心として軸に垂直な平面上で放射状となりますので，$z=z_0$ での平面上の位置 $\boldsymbol{r}_0=(r,\theta,z_0)$ での電界 $\boldsymbol{E}(\boldsymbol{r}_0)$ を，$\boldsymbol{r}=(r,\theta,0)$ として

$$\boldsymbol{E}(\boldsymbol{r}_0)=E(r)\frac{\boldsymbol{r}}{r} \tag{4.15}$$

と電界の形を仮定する場合が多いです．

④閉曲面 S に対する電界の法線成分の面積分を計算します．これが，ガウスの法則（積分形）の左辺となります．

⑤ガウスの法則（積分形）を適用して得られた方程式から，形を仮定した電界の未知数である電界の大きさ $E(r)$ を求めます．

4.2　ガウスの法則（積分形）の適用

▌例題 4.2▐　点電荷の場合：　原点に点電荷 Q があるとき，位置 $\boldsymbol{r}$ につくる電界を，ガウスの法則（積分形）を用いて求めてみましょう．

ガウスの法則（積分形）の適用方法で説明しましたステップで求めていきます．

①閉曲面を考えます．この場合は原点にのみ点電荷があることから，電界は球対称になりますので，原点を中心とし半径 r の球面 S を考えます．

②閉曲面（球面 S ）内の電荷の総和を計算します．この場合は原点にのみ点電荷 Q がありますので，総和も Q です．

③閉曲面（球面 S ）上での電界の形を仮定します．閉曲面に球面を選んでいますので，

$$\boldsymbol{E}(\boldsymbol{r})=E(r)\frac{\boldsymbol{r}}{r} \tag{4.15}$$

とします．

④閉曲面（球面 S ）に対する電界の法線成分の面積分を計算します．すなわち，

$$\int_S \boldsymbol{E}\cdot d\boldsymbol{S}=\int_S E(r)\frac{\boldsymbol{r}}{r}\cdot d\boldsymbol{S}=E(r)\int_S dS=4\pi r^2E(r) \tag{4.16}$$

ここで，位置 $\boldsymbol{r}$ での電界と面要素ベクトルが同じ向きであることを利用してい

ます．

⑤ガウスの法則（積分形）を適用します．すると，

$$4\pi r^2 E(r)=\frac{Q}{\varepsilon_0} \tag{4.17}$$

となり，これから，

$$E(r)=\frac{Q}{4\pi\varepsilon_0 r^2} \tag{4.18}$$

となります．

求まった $E(r)$ を（4.15）式に代入して，電界 $\boldsymbol{E}(\boldsymbol{r})$ は，

$$\boldsymbol{E}(\boldsymbol{r})=\frac{Q}{4\pi\varepsilon_0 r^2}\cdot\frac{\boldsymbol{r}}{r}=\frac{Q}{4\pi\varepsilon_0}\cdot\frac{\boldsymbol{r}}{r^3} \tag{4.19}$$

となります．

問 4.4　（4.16）式を確かめよ．

例題 4.3　球面に均一に電荷が分布している場合：　原点を中心とした半径 a の球面に電荷が面密度 $Q/(4\pi a^2)$ で均一に分布しているとき，位置 $\boldsymbol{r}$ につくる電界を，ガウスの法則（積分形）を用いて求めてみましょう．

答　ガウスの法則（積分形）の適用方法で説明しましたステップで求めていきます．

①閉曲面を考えます．この場合は原点を中心として球対称に電荷が分布していることから，電界も原点を中心とした球対称になります．そこで，原点を中心とした半径 r の球面 S を考えます．

②閉曲面（球面 S）内の電荷の総和を計算します．この場合は半径 a の球面に電荷が分布していますので，閉曲面内の電荷の総和は，球面 S の半径 r によって，

$$\begin{aligned}&0<r<a \text{ では，} 0\\ &r\geq a \text{ では，} \frac{Q}{4\pi a^2}\cdot 4\pi a^2=Q\end{aligned} \tag{4.20}$$

となります．

③閉曲面（球面 S）上での電界の形を仮定します．電界が球対称であることを考慮して，

$$\boldsymbol{E}(\boldsymbol{r})=E(r)\frac{\boldsymbol{r}}{r} \tag{4.21}$$

とします．

④閉曲面（球面 S）に対する電界の法線成分の面積分を計算します．すなわち，

$$\int_S \boldsymbol{E}\cdot d\boldsymbol{S}=\int_S E(r)\frac{\boldsymbol{r}}{r}\cdot d\boldsymbol{S}=4\pi r^2 E(r) \tag{4.22}$$

⑤ガウスの法則（積分形）を適用します．すると，

$$0<r<a \text{ では，} 4\pi r^2 E(r)=0$$

$$r\geq a \text{ では，} 4\pi r^2 E(r)=\frac{Q}{\varepsilon_0} \tag{4.23}$$

となり，これから，

$$0<r<a \text{ では，} E(r)=0$$

$$r\geq a \text{ では，} E(r)=\frac{Q}{4\pi\varepsilon_0 r^2} \tag{4.24}$$

となります．

求まった $E(r)$ を（4.21）式に代入して，電界 $\boldsymbol{E}(\boldsymbol{r})$ は，

$$0<r<a \text{ では，} \boldsymbol{E}(\boldsymbol{r})=\boldsymbol{0}$$

$$r\geq a \text{ では，} \boldsymbol{E}(\boldsymbol{r})=\frac{Q}{4\pi\varepsilon_0 r^2}\cdot\frac{\boldsymbol{r}}{r}=\frac{Q}{4\pi\varepsilon_0}\cdot\frac{\boldsymbol{r}}{r^3} \tag{4.25}$$

となります．

▌例題 4.4▐ 線状に均一に電荷が分布している場合：　図 4.5 のように，無限に長い直線の上に電荷が単位長さ当たり λ の密度で均一に分布しているとき，点 P の位置での電界を，ガウスの法則（積分形）を用いて求めてみましょう．ここで，点 P から直線におろした垂線の足 P′ から点 P へのベクトルを $\boldsymbol{r}$ とします．

答　点 P から直線におろした垂線の足 P′ から直線に沿って，反対側に同じ距離だけ離れた 2 点の電荷が点 P に置かれた電荷に及ぼすクーロン力の合力は，対称性により直線に垂直となります．このことを考慮してガウスの法則（積分形）を用いて，点 P での電界を求めます．

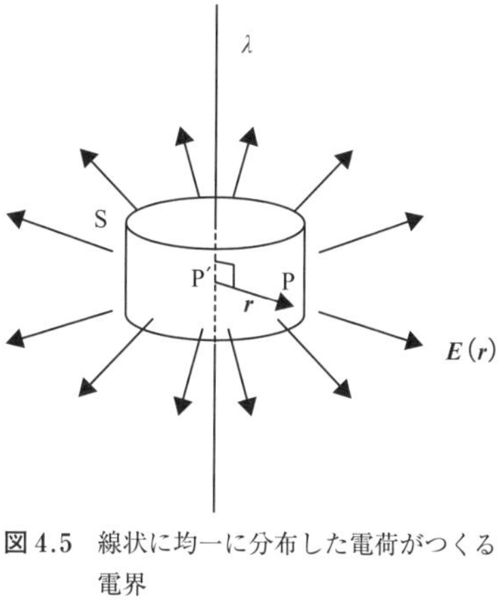

図 4.5　線状に均一に分布した電荷がつくる電界

①閉曲面を考えます．この場合は無限長の直線を軸として軸対称に電荷が分布していることから，電界も直線を軸とした軸対称になりますので，直線を軸とした半径 r で長さ1の円柱の表面 S を考えます．

②閉曲面（円柱の表面 S ）内の電荷の総和を計算します．直線上に電荷が単位長さ当たり λ で分布していますので，閉曲面内の電荷の総和は，

$$\lambda \cdot 1 = \lambda \tag{4.26}$$

です．

③閉曲面（円柱の表面 S ）上での電界の形を仮定します．閉曲面に円柱の表面を選んでいますので，$|\boldsymbol{r}| = r$ として，

$$\boldsymbol{E}(\boldsymbol{r}) = E(r)\frac{\boldsymbol{r}}{r} \tag{4.27}$$

とします．

④閉曲面（円柱の表面 S ）に対する電界の法線成分の面積分を計算します．すなわち，直線を z 軸として，P′ を含む直線上の区間（$z_1 \leq z \leq z_1+1$）に対して，

$$\int_S \boldsymbol{E} \cdot d\boldsymbol{S} = \int_{z_1}^{z_1+1} E(r) \cdot 2\pi r dz = 2\pi r E(r) \int_{z_1}^{z_1+1} dz = 2\pi r E(r) \tag{4.28}$$

⑤ガウスの法則（積分形）を適用します．すると，

$$2\pi r E(r) = \frac{\lambda}{\varepsilon_0} \tag{4.29}$$

となり，これから，

$$E(r) = \frac{\lambda}{2\pi\varepsilon_0 r} \tag{4.30}$$

となります．

求まった $E(r)$ を（4.27）式に代入して，電界 $\boldsymbol{E}$ は，

$$\boldsymbol{E}(\boldsymbol{r}) = E(r) \cdot \frac{\boldsymbol{r}}{r} = \frac{\lambda}{2\pi\varepsilon_0} \cdot \frac{\boldsymbol{r}}{r^2} \tag{4.31}$$

となります．

4.3 大きさ無限大の平板電極がつくる電界

図4.6のように，大きさ無限大の薄い平板電極に面密度 σ で電荷が分布しているとき，平板電極の表面から r だけ離れた場所での電界の大きさ $E(r)$ を考え

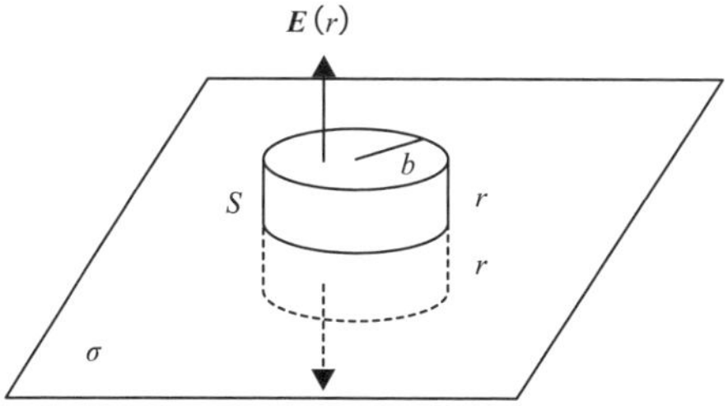

図 4.6　大きさ無限大の平板電極がつくる電界

ます．

この場合は，平板電極の大きさが無限大ですので，第 3 講の例題 3.5 で取り上げました均一に帯電した平面がつくる電界を求めた結果において，円盤の半径 a を $a\to\infty$ として，

$$E(r)=\lim_{a\to\infty}\frac{\sigma r}{2\varepsilon_0}\left(\frac{1}{r}-\frac{1}{\sqrt{a^2+r^2}}\right)=\frac{\sigma}{2\varepsilon_0} \tag{4.32}$$

と求まります．

また，ガウスの法則（積分形）を適用して，以下のように求めることもできます．

平板電極の大きさは無限大ですので，対称性により，平板電極の両側表面から r だけ離れた場所での電界 $\boldsymbol{E}(r)$ は，平板電極表面に垂直となり，その大きさは等しいことを念頭においておきます．

①閉曲面を考えます．図 4.6 のように，半径 b で高さ $2r$ の円柱の表面 S を考えます．

②閉曲面（円柱の表面 S）内の電荷の総和を計算します．平板電極表面には電荷が面密度 σ で均一に分布していますので，閉曲面内の電荷の総和 Q は，

$$Q=\pi b^2\sigma \tag{4.33}$$

となります．

③平板電極の表面から r だけ離れた閉曲面（円柱の表面 S）上の場所での電界の大きさを $E(r)$ とします．

④閉曲面（円柱の表面 S）に対する電界の法線成分の面積分を計算します．すなわち，円柱の表面 S の上面と下面では閉曲面に対する外向き法線ベクトルは電界の方向に平行であり，側面では垂直ですから，

$$\int_S \boldsymbol{E}\cdot d\boldsymbol{S}=E(r)\cdot\pi b^2+E(r)\cdot\pi b^2+0=2\pi b^2E(r) \tag{4.34}$$

⑤ガウスの法則（積分形）を適用します．すると，

$$2\pi b^2 E(r)=\frac{\pi b^2\sigma}{\varepsilon_0} \tag{4.35}$$

となり，これから，

$$E(r)=\frac{\sigma}{2\varepsilon_0} \tag{4.36}$$

となります．

練習問題

4.1　xyz 直交座標系において，z 軸上に電荷が単位長さ当たり λ で均一に分布している．このとき，z 軸を軸に持ち半径 r，長さ1の円柱の表面 S に対して，

$$\int_S \boldsymbol{E}\cdot d\boldsymbol{S}=\frac{\lambda}{\varepsilon_0}$$

となることを，以下の手順で確認せよ．

(1) 対称性を考慮すると，円柱の表面 S の上面および下面での電界は，面の外向き法線ベクトルに垂直であることを確認せよ．

(2) 対称性を考慮すると，円柱の表面 S の側面上での電界は，面の外向き法線ベクトルに平行であり，大きさは同じであることを確認せよ．

(3) 点 $(0, r, 0)$ での電界を求めよ．ここで，

$$\int_{-\infty}^{\infty}\frac{1}{(r^2+z^2)^{\frac{3}{2}}}dz=\frac{2}{r^2}$$

を用いてもよい．

(4) $\int_S \boldsymbol{E}\cdot d\boldsymbol{S}=\frac{\lambda}{\varepsilon_0}$ となることを確認せよ．

4.2　半径 a の球の内部に一様な密度 $Q/\{(4/3)\pi a^3\}$ で電荷が分布している．ガウスの法則（積分形）を用いて，球の中心を原点としたとき，位置 $\boldsymbol{r}$ での電界を求めよ．ただし，$\boldsymbol{r}\neq\boldsymbol{0}$ とする．

4.3　内半径 a，外半径 b（$0<a<b$）の球殻に一様な密度で電荷 Q が分布している．ガウスの法則（積分形）を用いて，球殻の中心を原点としたとき，位置 $\boldsymbol{r}$ での電界を求めよ．ただし，$\boldsymbol{r}\neq\boldsymbol{0}$ とする．

4.4　断面が半径 a の円で長さが無限大のまっすぐな棒に，単位長さ当たり Q で電荷が一様に分布している．棒の中心軸からの距離が r の位置での電界の強さを求めよ．

第 5 講

ガウスの発散定理とガウスの法則（微分形）

第 5 講では，ガウスの発散定理とガウスの法則（微分形）を学びますが，少々の数学的知識を必要とします．そこで，偏微分とベクトルの発散について説明してから本題に入っています．

ガウスの発散定理は，「閉曲面に対するベクトル場 $\boldsymbol{W}(\boldsymbol{r})$ の面積分は，その閉曲面で囲まれた領域でのベクトル場の発散の体積積分に等しい」というもので，

$$\int_V \mathrm{div}\,\boldsymbol{W}(\boldsymbol{r})dV = \int_S \boldsymbol{W}(\boldsymbol{r})\cdot\boldsymbol{n}dS$$

と数学的に表現され，面積分と体積積分とを関係づけていますが，ベクトル場の発散が出てきて理解が難しい定理です．ここでは，イメージ的なガウスの発散定理の説明を試みます．

ガウスの発散定理のイメージを説明する前に，（ｉ）ある断面を流体が斜めに横切って流れている場合に，その断面を通る流体の質量流量をどう表現するかと，（ii）ベクトル場の発散の意味を説明します．まず，（ｉ）ですが，面積が ΔS の断面に垂直な単位ベクトルを $\boldsymbol{n}$ とし，流体の密度を ρ，流れ速度を $\boldsymbol{v}$ としますと，断面を通る質量流量は，$(\rho\Delta S\boldsymbol{v})\cdot\boldsymbol{n}=(\rho\boldsymbol{v})\cdot(\boldsymbol{n}\Delta S)$ となりますね．すなわち，ベクトル場 $\rho\boldsymbol{v}$ の断面に垂直な成分 $\rho\boldsymbol{v}\cdot\boldsymbol{n}$ と断面積 ΔS との積となります．次に，（ii）のベクトル場の発散ですが，これは，5.B 節で説明しますように，三次元空間におけるベクトル場の発散は，場の湧き出しや吸い込みを表しています．

いま，SF 的な話として，異次元空間とあちこちでつながった特殊な岩があるとします．この岩では，異次元空間とつながったところから石油がこんこんと湧き出ており，これにより岩から石油が噴出しているとします．すると，定常的な状態（時間的変動がない状態）では，その岩から噴出した石油の総量は，異次元空間から湧き出た石油の総量に等しくなりますね．

このSF的な話を数学的に表現してみましょう．まず，岩の中での石油の流れを位置 $\boldsymbol{r}$ の関数として $\boldsymbol{W}(\boldsymbol{r})$ と表現しましょう． $\boldsymbol{W}(\boldsymbol{r})$ は位置によって方向や大きさが変わる関数ですからベクトル場を表しています．発散を用いると，位置 $\boldsymbol{r}$ での石油の湧き出し量は，石油の流れ $\boldsymbol{W}(\boldsymbol{r})$ の発散（$\mathrm{div}\,\boldsymbol{W}(\boldsymbol{r})$ と書きます）で与えられます．そして，石油が湧き出ている位置では $\mathrm{div}\,\boldsymbol{W}(\boldsymbol{r})>0$ となり，湧き出ていない位置では $\mathrm{div}\,\boldsymbol{W}(\boldsymbol{r})=0$ となります．なお，石油が異次元空間へ吸い込まれている位置では $\mathrm{div}\,\boldsymbol{W}(\boldsymbol{r})<0$ となります．このとき，岩全体で湧き出す石油の総量は，各位置での湧き出し量を岩全体で総和（積分）することで得られ，$\int_V \mathrm{div}\,\boldsymbol{W}(\boldsymbol{r})dV$ と表現されます．一方，岩から噴出する石油の総量は，岩の表面各部から噴出する石油の流れ $\boldsymbol{W}(\boldsymbol{r})$ の岩表面から外向き垂直方向への流れを，岩表面（閉曲面）全体で総和（積分）することにより得られ，$\int_S \boldsymbol{W}(\boldsymbol{r})\cdot\boldsymbol{n}dS=\int_S \boldsymbol{W}(\boldsymbol{r})\cdot d\boldsymbol{S}$ と表現できますね．これらが，等しいですから，

$$\int_V \mathrm{div}\,\boldsymbol{W}(\boldsymbol{r})dV=\int_S \boldsymbol{W}(\boldsymbol{r})\cdot\boldsymbol{n}dS$$

となり，ガウスの発散定理が成立します．

5.A　偏　微　分

世の中で発生する現象は一般に複雑ですので，たいていの現象は1変数ではなく複数の変数で数学的に表現されます．すなわち，たとえば，

$$f(x,y)=x^2+2xy+y^2 \tag{5.1}$$

$$g(x,y,z)=xy+y^2+2yz+z^2 \tag{5.2}$$

のように，x や y などのいくつかの変数により表現されます．このような関数は**多変数関数**と呼ばれます．

多変数関数に対して，1つの変数のみが変化してほかの変数は一定であると考え，変化する変数に対して微分をとることを**偏微分**と呼びます．そして，たとえば，(5.1) 式の $f(x,y)$ を x で偏微分することを

$$\frac{\partial}{\partial x}f(x,y)\quad\text{または}\quad\frac{\partial f}{\partial x}$$

などと表現します．この定義から，

$$\frac{\partial f}{\partial x}=2x+2y \tag{5.3}$$

$$\frac{\partial g}{\partial x}=y \tag{5.4}$$

となります.

問 5.1 (5.1) 式の $f(x,y)$ や, (5.2) 式の $g(x,y,z)$ に対して, 以下の偏微分を計算せよ.

(1) $\frac{\partial f}{\partial y}$, (2) $\frac{\partial g}{\partial y}$, (3) $\frac{\partial g}{\partial z}$

問 5.2 $E_x=\frac{\rho_0 a^3}{3\varepsilon_0}x(x^2+y^2)^{-\frac{3}{2}}$, $E_y=\frac{\rho_0 a^3}{3\varepsilon_0}y(x^2+y^2)^{-\frac{3}{2}}$ に対して, $\frac{\partial E_x}{\partial x}$ と $\frac{\partial E_y}{\partial y}$ を求めよ.

多変数関数の偏微分は, その変数の軸に沿った傾きを表しています. たとえば, 図 5.1 (a) のように, 地形を直交座標系（互いに直交する複数の座標で定義される座標系）で表現したとしましょう. 地形を考える範囲が数百 m 四方の場合は, 基準点からの横方向（x 座標：経度方向）と縦方向（y 座標：緯度方向）に対する高さ（z 座標）で地形が表現できますね. すなわち,

$$z=h(x,y) \tag{5.5}$$

と表現されますね. そして, ある場所 (x_0, y_0) での y 方向に関する地面の傾きは, その場所で yz 平面に平行な平面で地面を切って（すなわち x 座標をその場所の値 x_0 に固定して）得られる断面において, y 座標を y_0 にしたときの地表に沿っ

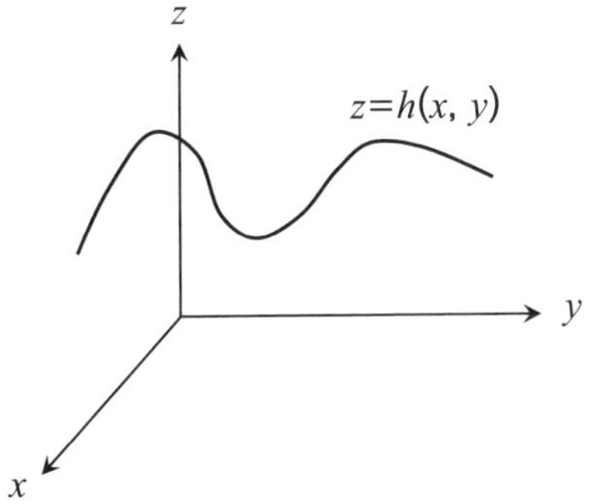

(a) ある地形

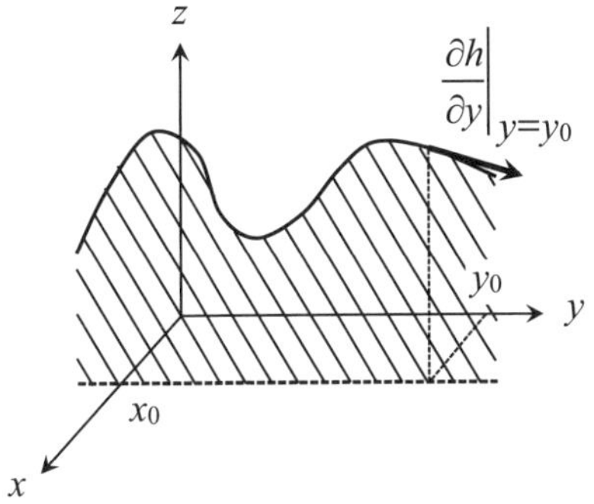

(b) ある地形のある場所での断面

図 5.1 偏微分と地形の傾き

た曲線の傾きとなりますね．しかも，yを変化させたときには，この断面に沿った地面の傾きを表します．このことから，yに関する偏微分は，軸方向の地面の傾きを表していることがわかります．

5.B 発　散

ベクトル解析において重要な演算の1つに**発散**（divergence）があります．

たとえば，xyz直交座標系におけるベクトル関数$\boldsymbol{A}=(A_x, A_y, A_z)$に対して，

$$\frac{\partial A_x}{\partial x}+\frac{\partial A_y}{\partial y}+\frac{\partial A_z}{\partial z}$$

で計算される量は発散と呼ばれ，

$$\mathrm{div}\boldsymbol{A}=\nabla\cdot\boldsymbol{A}=\frac{\partial A_x}{\partial x}+\frac{\partial A_y}{\partial y}+\frac{\partial A_z}{\partial z} \tag{5.6}$$

と書かれます．ここで，ベクトル関数とは，それぞれの座標に対してベクトルの値（大きさと向き）を与える関数のことです．また，記号∇は「ナブラ」と読みます．xy直交座標系のベクトル関数$\boldsymbol{B}=(B_x, B_y)$の場合には，発散は

$$\mathrm{div}\boldsymbol{B}=\nabla\cdot\boldsymbol{B}=\frac{\partial B_x}{\partial x}+\frac{\partial B_y}{\partial y} \tag{5.7}$$

で計算されます．

発散はちょっとわかりにくい概念ですが，三次元空間における電磁界（電磁場）や流体場の発散は，場が物理的に外部にどれだけ流出しているか，あるいは，流入しているかを表します．また，定常（時間的に変化しない状態）であったり回転したりしているベクトル場の発散は0となります．

▌例題 5.1▐　ベクトル関数$\boldsymbol{f}=(-x, -y)$の概略を図示し，また，発散を計算してみましょう．

答　ベクトル関数$\boldsymbol{f}$は常に原点を向き，大きさは原点から離れるほど大きくなりますので，概略は図5.2のようになります．

また，発散は，

$$\mathrm{div}\boldsymbol{f}=\frac{\partial f_x}{\partial x}+\frac{\partial f_y}{\partial y}=-1+(-1)=-2 \tag{5.8}$$

となります．

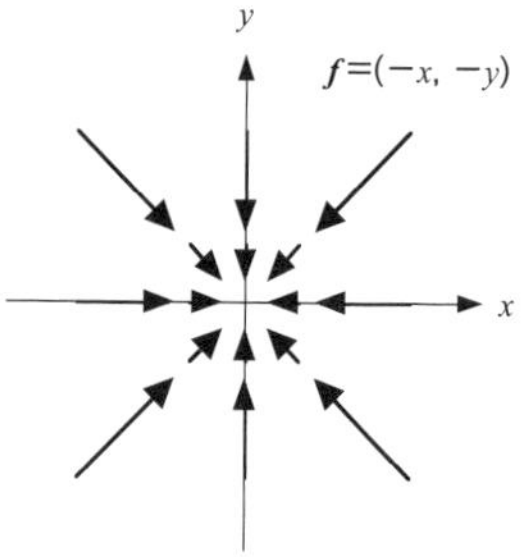

図5.2　ベクトル関数$\boldsymbol{f}=(-x,\ -y)$の概略

問 5.3　以下のベクトル関数の概略を図示し，また，発散を求めよ．

(1)　$\boldsymbol{f}=(2, 1)$

(2)　$\boldsymbol{g}=(x, y)$

(3)　$\boldsymbol{h}=(-y, x)$

問 5.4　原点以外で定義されたベクトル関数 $\boldsymbol{i}=\left(\frac{x}{x^2+y^2}, \frac{y}{x^2+y^2}\right)$ について，以下の問いに答えよ．

(1)　原点以外の点での発散を求めよ．

(2)　原点以外の点での発散が，(1) のようになる理由を，与えられたベクトル関数が各点での流体の流れを表すと考えて説明せよ．

5.1　ガウスの発散定理

スカラー関数は，それぞれの座標に対してスカラーの値を与える関数です．

ベクトル関数は，それぞれの座標に対してベクトルの値（大きさと向き）を与える関数です．

図 5.3 のように，閉曲面 S で囲まれた体積 V の閉領域を考えますと，任意のベクトル関数 $\boldsymbol{A}$ に対して，

$$\int_S \boldsymbol{A}\cdot d\boldsymbol{S}=\int_V \mathrm{div}\boldsymbol{A}dV \tag{5.9}$$

が成立します．これは，**ガウスの発散定理**と呼ばれます．証明についてはベクトル解析のテキストを参照ください．

ガウスの発散定理は，ある閉領域に対して，ベクトル関数の面積分とベクトル関数の発散の体積積分が等しいことをいっています．

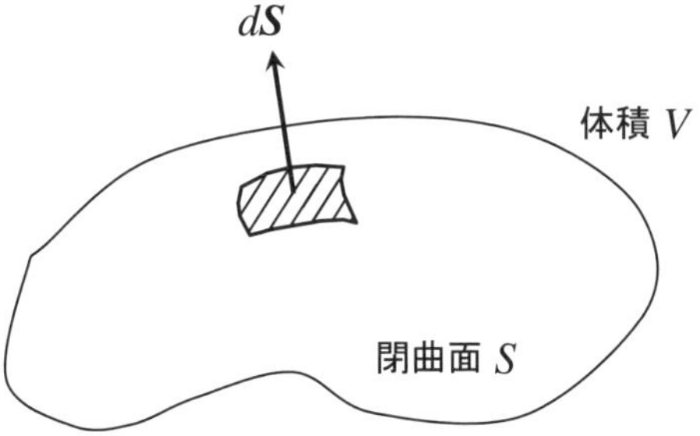

図 5.3　閉領域の体積 V とそれを囲む閉曲面 S

5.2 ガウスの法則（微分形）

ガウスの発散定理を用いますと，ガウスの法則（積分形）から**ガウスの法則（微分形）**

$$\mathrm{div}\boldsymbol{E}=\frac{\rho}{\varepsilon_0} \tag{5.10}$$

を導き出すことができます．ここで，ρ は空間内の電荷分布です．図 5.3 の閉領域について考えます．ガウスの法則（積分形）（4.13）式の右辺の Q/ε_0 は，電荷が空間的に分布しているとき（電荷が場所によって異なるとき），空間内の電荷分布 ρ を閉領域で体積積分して

$$\frac{Q}{\varepsilon_0}=\frac{1}{\varepsilon_0}\int_V \rho dV=\int_V \frac{\rho}{\varepsilon_0}dV \tag{5.11}$$

と表現できますね．また，ガウスの発散定理より，

$$\int_S \boldsymbol{E}\cdot d\boldsymbol{S}=\int_V \mathrm{div}\boldsymbol{E}dV \tag{5.12}$$

が成立します．したがって，ガウスの法則（積分形）は，

$$\int_S \boldsymbol{E}\cdot d\boldsymbol{S}=\int_V \mathrm{div}\boldsymbol{E}dV=\frac{Q}{\varepsilon_0}=\int_V \frac{\rho}{\varepsilon_0}dV \tag{5.13}$$

と書き直すことができます．ここで，閉領域は任意にとれますので，

$$\mathrm{div}\boldsymbol{E}=\frac{\rho}{\varepsilon_0} \qquad (5.10\ 再掲)$$

が得られます．

ガウスの法則（積分形）は，空間内の電荷分布 ρ が与えられた場合に，電界 $\boldsymbol{E}$ を求めるのに適用しましたが，ガウスの法則（微分形）を適用することにより，電界 $\boldsymbol{E}$ が与えられた場合に空間内の電荷分布 ρ を求めることができます．

▌例題 5.2▐ 点 $\boldsymbol{r}$ での電界 $\boldsymbol{E}(\boldsymbol{r})$ が

$$r\leq a\ で\ \boldsymbol{E}(\boldsymbol{r})=\frac{\rho_0}{3\,\varepsilon_0}\boldsymbol{r}$$

$$r>a\ で\ \boldsymbol{E}(\boldsymbol{r})=\frac{\rho_0 a^3}{3\,\varepsilon_0}\frac{\boldsymbol{r}}{r^3} \tag{5.14}$$

と表されるとき，電荷分布を求めてみましょう．ここで，$|\boldsymbol{r}|=r$ です．

答　空間内での電界 $\boldsymbol{E}(\boldsymbol{r})$ が与えられていますので，ガウスの法則（微分形）を適用すればよいですね．すなわち，

$$\rho=\varepsilon_0 \mathrm{div}\boldsymbol{E}(\boldsymbol{r}) \tag{5.15}$$

を計算することとなります．

まず，$r \leq a$ の場合を考えましょう．この場合，電界 $\boldsymbol{E}(\boldsymbol{r})$ を成分で表すと，

$$\boldsymbol{E}(\boldsymbol{r})=\left(\frac{\rho_0}{3\,\varepsilon_0}x,\ \frac{\rho_0}{3\,\varepsilon_0}y,\ \frac{\rho_0}{3\,\varepsilon_0}z\right) \tag{5.16}$$

となりますので，

$$\mathrm{div}\,\boldsymbol{E}(\boldsymbol{r})=\frac{\partial}{\partial x}\left(\frac{\rho_0}{3\,\varepsilon_0}x\right)+\frac{\partial}{\partial y}\left(\frac{\rho_0}{3\,\varepsilon_0}y\right)+\frac{\partial}{\partial z}\left(\frac{\rho_0}{3\,\varepsilon_0}z\right)=\frac{\rho_0}{\varepsilon_0} \tag{5.17}$$

から，

$$\rho=\varepsilon_0 \mathrm{div}\boldsymbol{E}(\boldsymbol{r})=\rho_0 \tag{5.18}$$

が得られます．

次に，$r>a$ の場合を考えます．電界 $\boldsymbol{E}(\boldsymbol{r})$ を成分で表すと，

$$\boldsymbol{E}(\boldsymbol{r})=\left(\frac{\rho_0 a^3}{3\,\varepsilon_0}\cdot\frac{x}{(x^2+y^2+z^2)^{3/2}},\ \frac{\rho_0 a^3}{3\,\varepsilon_0}\cdot\frac{y}{(x^2+y^2+z^2)^{3/2}},\ \frac{\rho_0 a^3}{3\,\varepsilon_0}\cdot\frac{z}{(x^2+y^2+z^2)^{3/2}}\right) \tag{5.19}$$

となります．これから，

$$\begin{aligned}\frac{\partial}{\partial x}\left(\frac{\rho_0 a^3}{3\,\varepsilon_0}\cdot\frac{x}{(x^2+y^2+z^2)^{3/2}}\right)&=\frac{\rho_0 a^3}{3\,\varepsilon_0}\cdot\frac{1}{(x^2+y^2+z^2)^{3/2}}+\frac{\rho_0 a^3}{3\,\varepsilon_0}\left(-\frac{3}{2}\right)\frac{x}{(x^2+y^2+z^2)^{5/2}}2x\\&=\frac{\rho_0 a^3}{3\,\varepsilon_0}\cdot\frac{1}{(x^2+y^2+z^2)^{3/2}}-\frac{\rho_0 a^3}{3\,\varepsilon_0}\cdot\frac{3\,x^2}{(x^2+y^2+z^2)^{5/2}}\end{aligned} \tag{5.20}$$

となります．同様にして，y 成分の y での偏微分，z 成分の z での偏微分を求めて（5.15）式に代入しますと，

$$\begin{aligned}\rho&=\varepsilon_0 \mathrm{div}\boldsymbol{E}(\boldsymbol{r})\\&=\frac{\rho_0 a^3}{3}\cdot\frac{1}{(x^2+y^2+z^2)^{3/2}}-\frac{\rho_0 a^3}{3}\cdot\frac{3\,x^2}{(x^2+y^2+z^2)^{5/2}}\\&\quad+\frac{\rho_0 a^3}{3}\cdot\frac{1}{(x^2+y^2+z^2)^{3/2}}-\frac{\rho_0 a^3}{3}\cdot\frac{3\,y^2}{(x^2+y^2+z^2)^{5/2}}\\&\quad+\frac{\rho_0 a^3}{3}\cdot\frac{1}{(x^2+y^2+z^2)^{3/2}}-\frac{\rho_0 a^3}{3}\cdot\frac{3\,z^2}{(x^2+y^2+z^2)^{5/2}}\\&=0\end{aligned} \tag{5.21}$$

となります．すなわち，$r>a$ には電荷が存在しないことになります．

結局，電荷は半径 a の球に密度 ρ_0 で存在することとなります．

練習問題

5.1　電界 $\boldsymbol{E}$ が，$\boldsymbol{E}=\dfrac{Q}{4\pi\varepsilon_0}\cdot\dfrac{\boldsymbol{r}}{|\boldsymbol{r}|^3}$ で表されるとき，$|\boldsymbol{r}|>0$ には電荷が存在しないことを確かめよ．

5.2　原点からの位置 $\boldsymbol{r}$ において，電界 $\boldsymbol{E}(\boldsymbol{r})$ が以下の式で与えられるときの電荷分布を求めよ．

$$\boldsymbol{E}(\boldsymbol{r})=\boldsymbol{0} \qquad (0<|\boldsymbol{r}|<a)$$

$$\boldsymbol{E}(\boldsymbol{r})=\frac{Q}{4\pi\varepsilon_0}\cdot\frac{\boldsymbol{r}}{|\boldsymbol{r}|^3} \qquad (a\leq|\boldsymbol{r}|)$$

5.3　xyz 座標系において，z 軸からの位置ベクトルを $\boldsymbol{p}$ で表すとする．たとえば，位置 $\boldsymbol{r}=(x,\ y,\ z)$ では $\boldsymbol{p}=(x,\ y,\ 0)$ となる．電界 $\boldsymbol{E}(\boldsymbol{r})$ が以下の式で与えられるとき，$0<|\boldsymbol{p}|$ での電荷分布を求めよ．

$$\boldsymbol{E}(\boldsymbol{r})=\frac{Q}{\varepsilon_0}\cdot\frac{\boldsymbol{p}}{|\boldsymbol{p}|^2} \qquad (0<|\boldsymbol{p}|)$$

第6講

電界の線積分と電位

第6講では，電界による電位を学びます．電位は，重力場における位置エネルギーに対応しています．そこで，位置エネルギーについて復習してみましょう．

重力が支配的に働く場合の位置エネルギーとは，重力につり合う力を上向きにかけて静かに物体を引き上げるときに必要なエネルギーでしたね．たとえば，質量 m の物体を基準高さから高さ h だけ持ち上げる場合を考えましょう．重力加速度 g は鉛直下向きですから，物体には鉛直下向きに重力 mg が働いています．ここで，重力加速度は高さによって変わらないとします．重力につり合う力は，$g=|\boldsymbol{g}|$ として，鉛直上向きに大きさ mg の力ですね．したがって，この力で静かに物体を高さ h だけ引き上げるのに必要な仕事は mgh となりますね．

次に，地球を回る宇宙ステーションに，宇宙ロケットが荷物を重力につり合った力で徐々に運び上げる場合を考えてみましょう．宇宙ロケットは微小時間の間は直線的に進むとしますと，i 番目の微小時間の前後の宇宙ロケットの位置ベクトルの差は，図6.1のように，$\Delta\boldsymbol{s}_i$ と表現できます．また，微小時間の間は重力加速度が一定としますと，i 番目の微小時間の間の重力加速度は $\boldsymbol{g}_i$ で表されます．これらを用いると，i 番目の微小時間の間に宇宙ロケットが荷物にする仕事 ΔW_i は，重力と逆向きに同じ大きさで荷物を引っ張り上げていきますから，図6.1のように，荷物の質量を M として，

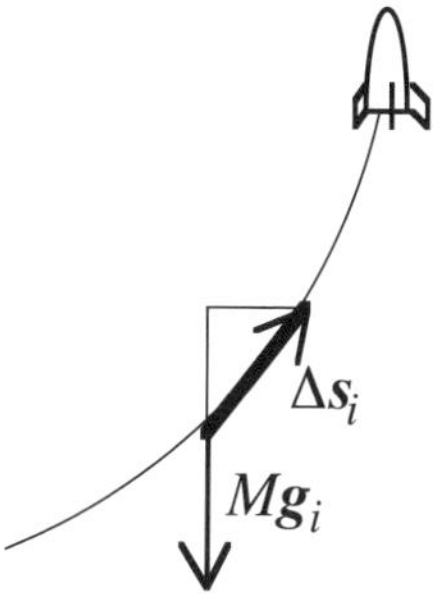

図6.1 宇宙ロケットが荷物にする仕事

$$\Delta W_i=-M\boldsymbol{g}_i\cdot\Delta\boldsymbol{s}_i \tag{6.1}$$

で表現されます．したがって，地上のP点から宇宙ステーションのQ点まで宇宙ロケットが荷物を運び上げる場合に，荷物にする仕事 $W(P\to Q)$ は，$\Delta s_i=|\Delta\boldsymbol{s}_i|\to 0$ の極限，すなわち，宇宙ロケットの経路の分割数 n について $n\to\infty$ の極限を考えて，

$$W(P \to Q) = \lim_{n\to\infty} \sum_{i=1}^{n} (-M\boldsymbol{g}_i \cdot \Delta \boldsymbol{s}_i) \tag{6.2}$$

で計算されることになり，これが，宇宙ステーションに到着した時点での荷物の位置エネルギーとなります．なお，(6.2) 式は，6.A 節の線積分を用いるとすっきりとした形式で表現できます．

6.A　線　積　分

基準点からある位置までの電位を求めるには，電界を線積分します．電位について説明する前の数学的基礎として，まず，線積分について説明します．

たとえば，天井から床までだらりと斜めにぶら下がった糸を蟻が登っているとしましょう．この蟻にとって，床からの高さはどのようにして認識できるでしょうか？　似た問題としては，山道を登っている人が，どのようにしてそれまで登った高さを認識できるかがあります．

問 6.1　山道を登っている人が，それまでに登った高さを認識する方法を3通り考えよ．

山道を登った高さを認識する方法として，図6.2のように，山道を1[m]歩くごとに登った高さ (Δh_i) を測り，それを足していく（積分する）方法が考えられますね．1[m]歩いたときに登った高さは，紐で錘をぶら下げた棒を現在位置から水平に置き，錘の棒での位置と紐の長さを調節して，1[m]歩く前の位置に錘が一致するようにしたときの紐の長さでわかりますね．これを蟻の話でいえば，糸のA点からB点まで進む間に登った高さは，図6.3のように，糸を進む

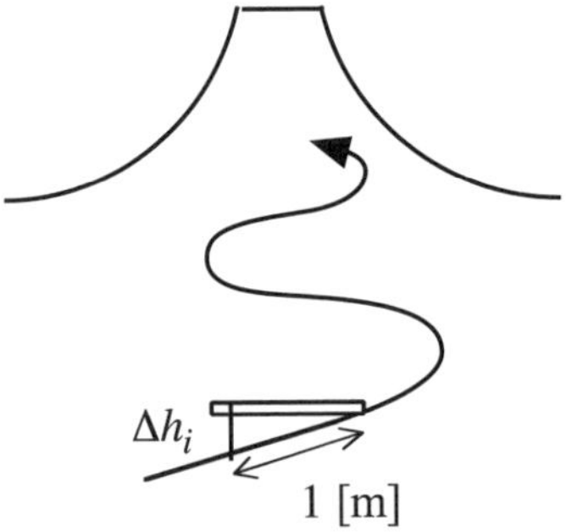

図6.2　山道を登った高さの測定方法例

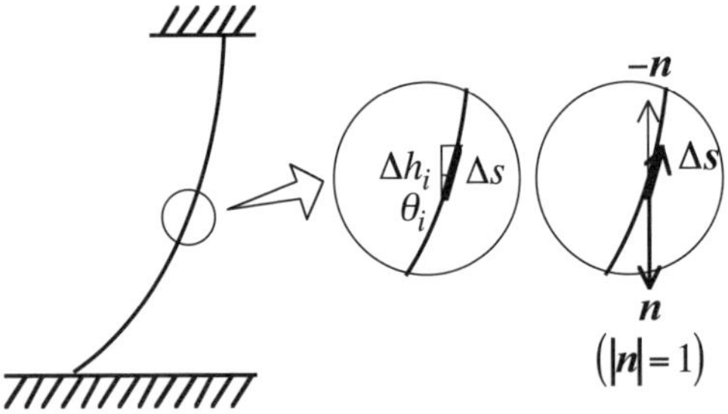

図6.3　蟻が糸を伝って登った高さ

一定の長さ（Δs）ごとに登った高さ（Δh_i）を測って，総和をとる（積分する）ことに対応しています．

数式で表現しますと，長さ Δs ずつ糸を n 回登った場合に，床からの高さは

$$h=\sum_{i=1}^{n}\Delta h_i \tag{6.3}$$

となります．ここで，一定の長さごとに区切った糸の部分を長さ Δs の線分で近似し，水直上向き方向に対して θ_i だけ傾いているとしますと，1 回の進みで糸を登る高さ Δh_i は，

$$\Delta h_i=\Delta s\cdot\cos\theta_i \tag{6.4}$$

で求められますね．したがって，

$$h=\sum_{i=1}^{n}\Delta s\cdot\cos\theta_i \tag{6.5}$$

となります．

一方，i 回目に糸を Δs だけ進む前の位置から進んだ後の位置へ至るベクトルを $\Delta\boldsymbol{s}_i$ で表しましょう．また，鉛直下向き（重力方向）の単位ベクトルを $\boldsymbol{n}$ で表しましょう．すると，鉛直上向き方向は $-\boldsymbol{n}$ となりますので，

$$\Delta h_i=-\boldsymbol{n}\cdot\Delta\boldsymbol{s}_i \tag{6.6}$$

となります．これを（6.3）式に代入しますと，

$$h=\sum_{i=1}^{n}(-\boldsymbol{n}\cdot\Delta\boldsymbol{s}_i) \tag{6.7}$$

となります．ここで，$\Delta s=|\Delta\boldsymbol{s}_i|\to 0$ の極限を考えますと，結局，糸の A 点から B 点まで進む間に登った高さは，

$$h=\lim_{n\to\infty}\sum_{i=1}^{n}(-\boldsymbol{n}\cdot\Delta\boldsymbol{s}_i)=\int_A^B-\boldsymbol{n}\cdot d\boldsymbol{s} \tag{6.8}$$

となります．

次に，図 6.1 の，宇宙ロケットが宇宙ステーションに荷物を重力につり合った力で徐々に運び上げる場合を，もう一度考えてみましょう．宇宙ロケットが荷物にする仕事は，$\Delta s_i=|\Delta\boldsymbol{s}_i|\to 0$ の極限，すなわち，宇宙ロケットの経路の分割数 n について $n\to\infty$ の極限を考えて，

$$\boldsymbol{W}(P\to Q)=\lim_{n\to\infty}\sum_{i=1}^{n}(-M\boldsymbol{g}_i\cdot\Delta\boldsymbol{s}_i) \tag{6.2 再掲}$$

で計算されましたね．これは，積分を用いると

$$\boldsymbol{W}(P\to Q)=\lim_{n\to\infty}\sum_{i=1}^{n}(-M\boldsymbol{g}_i\cdot\Delta\boldsymbol{s}_i)=\int_P^Q-M\boldsymbol{g}\cdot d\boldsymbol{s}=-\int_P^Q M\boldsymbol{g}\cdot d\boldsymbol{s} \tag{6.9}$$

と表現できます.

重力方向の単位ベクトル $\boldsymbol{n}$, 重力加速度 $\boldsymbol{g}$ や, $M\boldsymbol{g}$ はどれも, 大きさと向きをもつベクトル関数ですね. 一般に, スカラー関数やベクトル関数をある経路（曲線）に沿って積分することは, **線積分**と呼ばれます. 電位の場合には, ベクトル関数である電界の線積分を扱います.

6.1　電位と電界の関係

電位は, 単位電荷（1 [C]）を電界から受ける力に逆らって基準点から移動させるのに必要な仕事（エネルギー）です.

A 点に対する B 点の電位差は, A 点から 1 [C] の電荷を B 点まで移動させるために必要な仕事であり, 1 [C] の電荷は, $1\cdot\boldsymbol{E}=\boldsymbol{E}$ の力を電界から受けていますので,

$$\phi_{\mathrm{A}\to\mathrm{B}}=-\int_{\mathrm{A}}^{\mathrm{B}}\boldsymbol{E}\cdot d\boldsymbol{s} \tag{6.10}$$

で計算されます.

▌例題 6.1▐　図 6.4 のように, $-z$ 方向の大きさ E の一様な電界があります. 原点から点 $\boldsymbol{r}=(x,y,z)$ までに 1 [C] の電荷を動かすのに必要な仕事を求めることにより, 原点を基準とした場合の点 $\boldsymbol{r}$ での電位を求めましょう.

答　電荷を, まず xy 平面上で点 $(x,y,0)$ まで動かし, その後, 点 $\boldsymbol{r}=(x,y,z)$

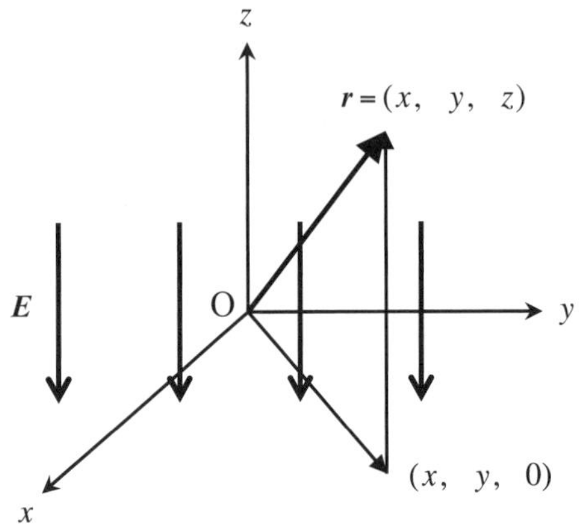

図 6.4　$-z$ 方向の大きさ E の一様な電界での電荷の移動

まで動かすことを考えます．

電界は $-z$ 方向であり xy 平面に垂直ですので，電荷を xy 平面上で点 $(x, y, 0)$ まで動かすのに要する仕事は 0 ですね．

次に，点 $(x, y, 0)$ から点 $\boldsymbol{r}=(x, y, z)$ までは，z 方向に z だけ動かすこととなり，電界は大きさ E で $-z$ 方向ですから，必要な仕事は Ez となります．

以上から，原点を基準にした点 $\boldsymbol{r}=(x, y, z)$ の電位は Ez となります．

6.2　点電荷のまわりの電位

原点に置かれた点電荷 Q の周りの電界は，原点から放射状ですので，位置 $\boldsymbol{r}$ での電界 $\boldsymbol{E}(\boldsymbol{r})$ は

$$\boldsymbol{E}(\boldsymbol{r})=\frac{Q}{4\pi\varepsilon_0}\cdot\frac{\boldsymbol{r}}{|\boldsymbol{r}|^3} \tag{6.11}$$

となることは，すでに学びましたね．したがって，点 A（位置 $\boldsymbol{r}_\mathrm{A}$）を基準にしたときの点 B（位置 $\boldsymbol{r}_\mathrm{B}$）の電位 ϕ_AB は，大きさが ds で向きは経路の接線方向となるベクトルを $\boldsymbol{ds}$ と表しますと，

$$\phi_\mathrm{AB}=-\int_\mathrm{A}^\mathrm{B}\boldsymbol{E}(\boldsymbol{r})\cdot\boldsymbol{ds} \tag{6.12}$$

で計算されます．ところで，電界 $\boldsymbol{E}(\boldsymbol{r})$ の方向は原点から放射状方向ですので，図 6.5 のように，$\boldsymbol{E}(\boldsymbol{r})\cdot\boldsymbol{ds}$ は，電界の大きさと $\boldsymbol{ds}$ の放射状方向の成分（dr）の積を表しています．したがって，

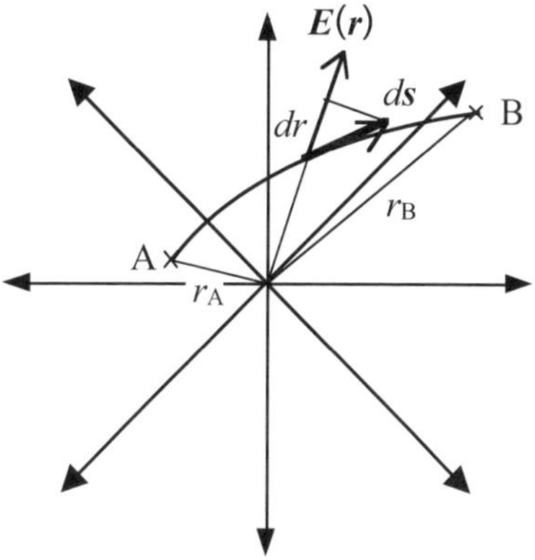

図 6.5　原点を中心に放射状の電界

$$\phi_\mathrm{AB}=-\int_\mathrm{A}^\mathrm{B}\boldsymbol{E}(\boldsymbol{r})\cdot\boldsymbol{ds}=-\int_{r_\mathrm{A}}^{r_\mathrm{B}}E(r)\cdot dr \tag{6.13}$$

となります．ここで，$r=|\boldsymbol{r}|$，$r_\mathrm{A}=|\boldsymbol{r}_\mathrm{A}|$，$r_\mathrm{B}=|\boldsymbol{r}_\mathrm{B}|$ であり，$E(r)$ は位置 $\boldsymbol{r}$ での電界 $\boldsymbol{E}(\boldsymbol{r})$ の大きさで，(6.11) 式から

$$E(r)=\frac{Q}{4\pi\varepsilon_0}\cdot\frac{1}{r^2} \tag{6.14}$$

となります．これを (6.13) 式に代入して ϕ_AB を計算しますと，

$$\phi_{AB}=-\int_{r_A}^{r_B}\frac{Q}{4\pi\varepsilon_0}\cdot\frac{1}{r^2}dr=\left[\frac{Q}{4\pi\varepsilon_0}\cdot\frac{1}{r}\right]_{r_A}^{r_B}$$
$$=\frac{Q}{4\pi\varepsilon_0}\left(\frac{1}{r_B}-\frac{1}{r_A}\right) \tag{6.15}$$

が得られます．

▌例題 6.2▐ 点P（位置ベクトル：$\boldsymbol{r}$）での電界 $\boldsymbol{E}(\boldsymbol{r})$ が

$$\boldsymbol{E}(\boldsymbol{r})=\frac{Q}{4\pi\varepsilon_0}\cdot\frac{\boldsymbol{r}}{r^3}$$

で表されるとき，無限遠 P_∞ を基準にとったときの点Pの電位 ϕ を求めましょう．ただし，$|\boldsymbol{r}|=r$ です．

答　無限遠を基準にとって，点Pの電位を表現すると，

$$\phi=-\int_{P_\infty}^{P}\boldsymbol{E}(\boldsymbol{r})\cdot d\boldsymbol{s} \tag{6.16}$$

となります．ここで，電界の方向が放射状であることを考慮して，積分経路を点Pから動径方向（点Pから放射状に離れる方向）にとるとすると，$d\boldsymbol{s}$ の向きは点Pから動径方向となり，積分経路を辿る向きと電界の向きは同じですから，

$$\phi=-\int_{\infty}^{r}\frac{Q}{4\pi\varepsilon_0}\cdot\frac{1}{r^2}dr=\left[\frac{Q}{4\pi\varepsilon_0}\cdot\frac{1}{r}\right]_{\infty}^{r}=\frac{Q}{4\pi\varepsilon_0}\cdot\frac{1}{r} \tag{6.17}$$

となります．

問 6.2　点P（位置ベクトル：$\boldsymbol{r}$，$|\boldsymbol{r}|=r$）での電界 $\boldsymbol{E}(\boldsymbol{r})$ が

$$\boldsymbol{E}(\boldsymbol{r})=\frac{Q}{4\pi\varepsilon_0}\cdot\frac{\boldsymbol{r}}{r^3}\qquad (r>a)$$
$$=0\qquad (r\leq a)$$

で表されるとき，無限遠 P_∞ を基準にとったときの点Pの電位 ϕ を求めよ．

6.3　等電位面と電位の傾き

a.　等電位面

真空中に点電荷 Q を置いたとき，無限遠を基準にした場合の，点電荷から距離 r の位置の電位 $\phi(r)$ は（6.17）式から，

$$\phi(r)=\frac{Q}{4\pi\varepsilon_0}\cdot\frac{1}{r} \tag{6.18}$$

で与えられます．この式から，点電荷から同じ距離にある点はすべて電位が同じとなります．すなわち，点電荷から半径 r の球面上の点はすべて等電位となります．このように，等電位の点の集合は面となり，この面は**等電位面**と呼ばれます．

等電位面に沿って電荷を動かすことを考えます．すなわち，xyz 直交座標系において，等電位面に沿って，点 P（$\boldsymbol{r}_{\mathrm{P}}=(x, y, z)$）から点 Q（$\boldsymbol{r}_{\mathrm{Q}}=(x+\Delta x, y+\Delta y, z+\Delta z)$）まで動かしたとします．また，点 P での電界を (E_x, E_y, E_z) とします．点 Q が点 P のすぐ近くにある場合には，点 P を基準としたときの点 Q の電位は，

$$\phi_{\mathrm{PQ}}=-\int_{\mathrm{P}}^{\mathrm{Q}} \boldsymbol{E}\cdot d\boldsymbol{s}=-\boldsymbol{E}_{\mathrm{P}}\cdot(\boldsymbol{r}_{\mathrm{Q}}-\boldsymbol{r}_{\mathrm{P}}) \tag{6.19}$$

と近似してよいでしょう．点 P と点 Q は等電位面上の 2 点ですので，

$$\phi_{\mathrm{PQ}}=0 \tag{6.20}$$

が成立しています．(6.19) 式と (6.20) 式から，

$$\boldsymbol{E}_{\mathrm{P}}\cdot(\boldsymbol{r}_{\mathrm{Q}}-\boldsymbol{r}_{\mathrm{P}})=0 \tag{6.21}$$

となり，P 点での電界とベクトル $\boldsymbol{r}_{\mathrm{Q}}-\boldsymbol{r}_{\mathrm{P}}$ が直交していることがわかります．ここで，

$$\boldsymbol{r}_{\mathrm{Q}}-\boldsymbol{r}_{\mathrm{P}}=(\Delta x, \Delta y, \Delta z) \tag{6.22}$$

は等電位面に平行なベクトルですから，結局，**電界と等電位面とは直交している**ことがわかります．

b. 勾　配

スカラー関数 ϕ に対してベクトル関数を対応づける演算に**勾配**があります．勾配は以下の式で計算されます．

$$\mathrm{grad}\phi=\nabla\phi=\left(\frac{\partial\phi}{\partial x}, \frac{\partial\phi}{\partial y}, \frac{\partial\phi}{\partial z}\right) \tag{6.23}$$

問 6.3　以下のスカラー関数の勾配を求めよ．

(1) $f(x, y, z)=2x$,　(2) $g(x, y, z)=x^2+3y^2$,　(3) $h(x, y, z)=3x^2yz^3$

勾配を用いて表現しますと，電位 ϕ と電界 $\boldsymbol{E}$ との間には，

$$\boldsymbol{E}=-\mathrm{grad}\phi \tag{6.24}$$

が成立します．

例題 6.3　$\boldsymbol{E}=-\mathrm{grad}\phi$ となることを証明してみましょう．

答　近接する 2 点 $\boldsymbol{r}=(x, y, z)$，$\boldsymbol{r}+\Delta\boldsymbol{r}=(x+\Delta x, y+\Delta y, z+\Delta z)$ での電位を，

それぞれ，$\phi(\boldsymbol{r})$，$\phi(\boldsymbol{r}+\Delta\boldsymbol{r})$ とします．このとき，これらの2点での電位の差 $\phi(\boldsymbol{r}+\Delta\boldsymbol{r})-\phi(\boldsymbol{r})$ は，1[C]の電荷を $\boldsymbol{r}$ から基準点（たとえば無限遠）へ運び，続けて基準点から $\boldsymbol{r}+\Delta\boldsymbol{r}$ まで運ぶときに必要となる仕事です．すなわち，1[C]の電荷を $\boldsymbol{r}$ から $\boldsymbol{r}+\Delta\boldsymbol{r}$ まで運ぶときに必要となる仕事です．したがって，電位の定義式の（6.10）式より，

$$\phi(\boldsymbol{r}+\Delta\boldsymbol{r})-\phi(\boldsymbol{r})=-\int_{r}^{r+\Delta r}\boldsymbol{E}\cdot d\boldsymbol{s} \tag{6.25}$$

と表されます．

$\boldsymbol{r}$ と $\boldsymbol{r}+\Delta\boldsymbol{r}$ は近接していますので，$\Delta\boldsymbol{r}=(\Delta x, \Delta y, \Delta z)$ は微小ベクトルです．そして，$\boldsymbol{r}$ と $\boldsymbol{r}+\Delta\boldsymbol{r}$ での電界が等しいと近似して $\boldsymbol{E}=(E_x, E_y, E_z)$ と表すと，

$$-\int_{r}^{r+\Delta r}\boldsymbol{E}\cdot d\boldsymbol{s}=-\boldsymbol{E}\cdot\Delta\boldsymbol{r}=-(E_x\Delta x+E_y\Delta y+E_z\Delta z) \tag{6.26}$$

と近似できます．一方，（6.25）式の左辺をテイラー展開して，2次以降の項を無視しますと，

$$\phi(\boldsymbol{r}+\Delta\boldsymbol{r})-\phi(\boldsymbol{r})=\frac{\partial\phi(\boldsymbol{r})}{\partial x}\Delta x+\frac{\partial\phi(\boldsymbol{r})}{\partial y}\Delta y+\frac{\partial\phi(\boldsymbol{r})}{\partial z}\Delta z \tag{6.27}$$

となります．（6.26）式と（6.27）式を（6.25）式に代入しますと，

$$\frac{\partial\phi(\boldsymbol{r})}{\partial x}\Delta x+\frac{\partial\phi(\boldsymbol{r})}{\partial y}\Delta y+\frac{\partial\phi(\boldsymbol{r})}{\partial z}\Delta z=-(E_x\Delta x+E_y\Delta y+E_z\Delta z) \tag{6.28}$$

となります．Δx，Δy，Δzは任意ですから，

$$\frac{\partial\phi(\boldsymbol{r})}{\partial x}=-E_x,\quad \frac{\partial\phi(\boldsymbol{r})}{\partial y}=-E_y,\quad \frac{\partial\phi(\boldsymbol{r})}{\partial z}=-E_z$$

すなわち，

$$\boldsymbol{E}=-\left(\frac{\partial\phi(\boldsymbol{r})}{\partial x}, \frac{\partial\phi(\boldsymbol{r})}{\partial y}, \frac{\partial\phi(\boldsymbol{r})}{\partial z}\right)=-\mathrm{grad}\,\phi(\boldsymbol{r}) \tag{6.29}$$

が得られます．

▌例題6.4▌ 電位が $\phi(r)=Q/4\pi\varepsilon_0 r$ で与えられるとき，電界 $\boldsymbol{E}(\boldsymbol{r})$ を求めてみましょう．ここで，$r=|\boldsymbol{r}|$ とします．

答 （6.24）式より，電界は電位の勾配と符号が逆のものとなりますから，まず，電位の勾配を計算します．電位の勾配の x 成分は，

$$(\mathrm{grad}\,\phi(r))_x=\frac{\partial\phi(r)}{\partial x}=\frac{\partial r}{\partial x}\cdot\frac{d\phi(r)}{dr}=\frac{\partial r}{\partial x}\cdot\left(-\frac{Q}{4\pi\varepsilon_0 r^2}\right) \tag{6.30}$$

となりますが，

$$r=\sqrt{x^2+y^2+z^2}=(x^2+y^2+z^2)^{\frac{1}{2}} \tag{6.31}$$

ですから，

$$\frac{\partial r}{\partial x}=\frac{1}{2}(x^2+y^2+z^2)^{-\frac{1}{2}}\cdot 2x=\frac{x}{r} \tag{6.32}$$

となり，結局，

$$(\mathrm{grad}\phi(r))_x=-\frac{Q}{4\pi\varepsilon_0 r^3}x \tag{6.33}$$

となります．同様に，

$$(\mathrm{grad}\phi(r))_y=-\frac{Q}{4\pi\varepsilon_0 r^3}y \tag{6.34}$$

$$(\mathrm{grad}\phi(r))_z=-\frac{Q}{4\pi\varepsilon_0 r^3}z \tag{6.35}$$

となりますので，電界 $\boldsymbol{E}(\boldsymbol{r})$ は

$$\boldsymbol{E}(\boldsymbol{r})=-\mathrm{grad}\phi(\boldsymbol{r})=\frac{Q}{4\pi\varepsilon_0}\cdot\frac{\boldsymbol{r}}{r^3} \tag{6.36}$$

と求まります．

c.　ラプラスの方程式

ガウスの法則（微分形）に，電界と電位の関係式を代入しますと，ポアッソンの方程式を導くことができます．

ガウスの法則（微分形）は，

$$\mathrm{div}\boldsymbol{E}=\frac{\rho}{\varepsilon_0} \tag{5.10 再掲}$$

でしたね．これに，電界と電位の関係式

$$\boldsymbol{E}=-\mathrm{grad}\phi \tag{6.24 再掲}$$

を代入しますと，

$$\mathrm{div}(-\mathrm{grad}\phi)=\frac{\rho}{\varepsilon_0} \tag{6.37}$$

となりますので，少し変形して

$$\mathrm{div}(\mathrm{grad}\phi)=-\frac{\rho}{\varepsilon_0} \tag{6.38}$$

が得られます．これは，**ポアッソンの方程式**と呼ばれます．そして，電荷がない特殊な場合（$\rho=0$）には，ポアッソンの方程式は

$$\mathrm{div}(\mathrm{grad}\phi)=0 \tag{6.39}$$

となり，これは**ラプラスの方程式**と呼ばれます．なお，これらの方程式の左辺は，

$$\mathrm{div}(\mathrm{grad}\phi)=\frac{\partial}{\partial x}\left(\frac{\partial\phi}{\partial x}\right)+\frac{\partial}{\partial y}\left(\frac{\partial\phi}{\partial y}\right)+\frac{\partial}{\partial z}\left(\frac{\partial\phi}{\partial z}\right)=\frac{\partial^2\phi}{\partial x^2}+\frac{\partial^2\phi}{\partial y^2}+\frac{\partial^2\phi}{\partial z^2} \tag{6.40}$$

で計算されます．

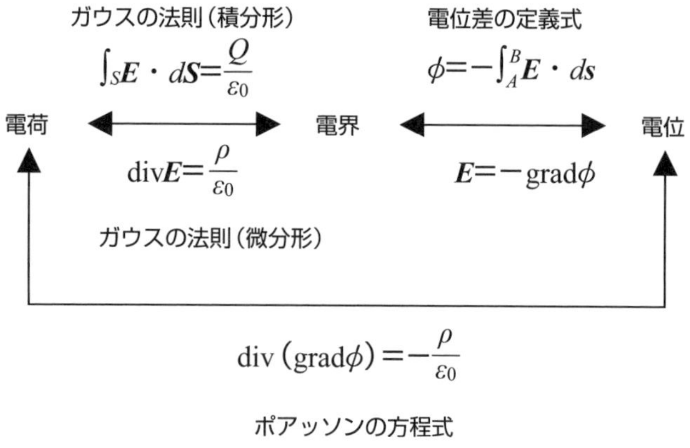

図6.6　電荷，電界，電位の関係

これまで学んできました，電荷，電界，および，電位の関係をまとめますと，図6.6のようになります．

練習問題

6.1　地上から2000[m]の上空に金属小球があり，0.8[C]の電荷が帯電している．地上と上空1000[m]の間の電位差を求めよ．ただし，空気の誘電率は真空の誘電率と同じとせよ．

6.2　真空中に長さ2[m]の絶縁体でできた直線状の棒がある．この棒の両端に，それぞれ $+Q$[C]の点電荷を置く．棒の中点から棒に垂直に1[m]離れた点における電界 $\boldsymbol{E}$[V/m]と電位 V[V]を求めよ．

6.3　点P（位置ベクトル：$\boldsymbol{r}$）での電界 $\boldsymbol{E}(\boldsymbol{r})$ が

$$\boldsymbol{E}(\boldsymbol{r}) = \begin{cases} \dfrac{Q}{4\pi\varepsilon_0} \cdot \dfrac{\boldsymbol{r}}{r^3} & (r > a) \\[2ex] \dfrac{Q}{4\pi\varepsilon_0} \cdot \dfrac{\boldsymbol{r}}{a^3} & (r \leq a) \end{cases}$$

で表されるとき，無限遠 P_∞ を基準にとった場合の点Pの電位 $\phi(\mathbf{r})$ を求めよ．ただし，$|\boldsymbol{r}| = r$ である．

6.4　原点を中心として，内半径 a，外半径 b の球殻がある．ただし，$0 < a < b$ である．この球殻に電荷 Q を一様に分布させた．以下の問いに答えよ．なお，無限遠を電位の基準にとるとする．

(1) 原点からの位置 $\boldsymbol{r}$ における電界 $\boldsymbol{E}(\boldsymbol{r})$ を求めよ．

(2) 球殻の外側（$|\boldsymbol{r}| = b$ の位置）の電位を求めよ．

(3) 球殻の内側（$|\boldsymbol{r}| = a$ の位置）の電位を求めよ．

6.5 無限遠 P_∞ を基準にとったとき，点 P（位置ベクトル：$\boldsymbol{r}$）での電位 $\phi(\boldsymbol{r})$ が

$$\phi(\boldsymbol{r})=\begin{cases}\dfrac{Q}{4\pi\varepsilon_0 r} & (r>a)\\[2mm] \dfrac{Q}{4\pi\varepsilon_0 a} & (r\leq a)\end{cases}$$

で表される場合，点 P での電界 $\boldsymbol{E}(\boldsymbol{r})$ を求めよ．ただし，$|\boldsymbol{r}|=r$ である．

第 7 講

導体と誘電体
—静電遮蔽，静電容量，誘電分極効果，電束密度—

第 7 講では，導体の性質を学び，電子回路の実装において重要な静電遮蔽について学びます．静電遮蔽を体験してその働きを考えるために，以下の実験と観察をしてみましょう．

▌実験 7.1▐ フタのついた金属の箱（菓子箱など）を用意し，その中に携帯電話を入れて，呼び出してみましょう．呼び出し音は鳴るでしょうか？

呼び出し音は鳴ったでしょうか？　では，次の問いを考えてみてください．

問 7.1 金属板で囲まれた電車や自動車の車内では，なぜ携帯電話で通話できるのか？

それでは次に，以下の実験を行い，問 7.2 を考察してみてください．

▌実験 7.2▐ 金属の箱に穴を開けて，実験 7.1 と同じ実験を行ってみましょう．どのくらいの大きさの穴を開ければ呼び出し音は鳴るでしょうか？

問 7.2 実験 7.2 において，穴の大きさは何に関係しているか？

では，古い（万が一壊れもよい）パソコンをお持ちの方は，以下の実験をしてみて，問 7.3 を考えてみてください．

▌実験 7.3▐ パソコンの筐体は何でできているでしょうか？　また，表側がプラスチックなどの筐体の場合には，裏側に何か金属の薄い板がありませんでしょうか？

問 7.3 パソコンなどの電子機器の筐体は，たいてい，金属かあるいは内側が薄い金属の板で覆われているが，これはなぜか？

7.1　真空中の導体の電気的性質

金属，電解質溶液，プラズマなどでは，電気がよく流れます．すなわち，電気抵抗が非常に小さくなっています．金属では自由電子，電解質溶液ではプラスやマイナスのイオン，プラズマでは電気を帯びた荷電粒子が自由に移動して電気の流れを担っています．このような自由に動く荷電粒子を含む物質は**導体**と呼ばれます．

導体に電界（時間的に変動しない静電界）を加えますと，内部の荷電粒子はその電界に影響されて導体内を微小な時間で移動します．そして，移動した荷電粒子によって電界が発生し，加えた電界を打ち消すまで荷電粒子が移動し，その結果，導体内部の電界は 0 となります．

（i）　導体内部の電界は 0 である．すなわち，$\boldsymbol{E}=\boldsymbol{0}$.

この性質から，導体の以下の電気的性質が導かれます．

（ii）　導体内部では，電位は一定である．すなわち，導体内の電位差 ϕ は 0 である（$\phi=0$）．

（iii）　導体の表面は等電位面である．性質（ii）と組み合わせると，導体は等電位である．すなわち，$V=$(一定).

（iv）　電荷は導体の表面のみに存在する．

（v）　電界は導体表面に垂直である．

▌例題 7.1▐　性質の（i）（導体内部の電界は 0 である：$\boldsymbol{E}=\boldsymbol{0}$）から，性質の（ii）～（v）を導いてみましょう．

答

1）性質（ii）（導体内部では電位は一定）の導出

導体内部の任意の 2 点 A と B の間の電位差（電圧）は，

$$\phi_{\mathrm{AB}}=-\int_{\mathrm{A}}^{\mathrm{B}}\boldsymbol{E}\cdot d\boldsymbol{s} \tag{7.1}$$

と表現されますが，導体内部では $\boldsymbol{E}=\boldsymbol{0}$ ですから，$\phi_{\mathrm{AB}}=0$ となります．すなわち，点 A と点 B は等電位です．点 A と点 B のとり方は任意ですから，導体内部では電位は一定となります．

2）性質（iii）（導体の表面は等電位面である）の導出

導体表面の任意の2点PとQの間の電圧を考えます．点Pから導体内部を通って点Qに至る経路を考えますと，

$$\phi_{PQ}=-\int_{P}^{Q}\boldsymbol{E}\cdot d\boldsymbol{s} \tag{7.2}$$

となりますが，導体内部では $\boldsymbol{E}=\boldsymbol{0}$ ですから，$\phi_{PQ}=0$ となります．すなわち，点Pと点Qは等電位です．点Pと点Qのとり方は任意ですから，導体の表面は等電位面となります．

また，性質（ii）から，導体の内部では電位は一定ですから，導体は等電位となります．

3）性質（iv）（電荷は導体表面のみに存在する）の導出

ガウスの法則（積分形）を用いて導出します．ガウスの法則（積分形）の適用では，まず，適当な閉曲面を考えるのでしたね．この場合には，導体の内側の任意の閉曲面 S を考えます．すると，閉曲面内 S の電荷を Q としますと，ガウスの法則（積分形）より，

$$\frac{Q}{\varepsilon_0}=\int_{S}\boldsymbol{E}\cdot d\boldsymbol{S} \tag{7.3}$$

となりますが，導体内部では $\boldsymbol{E}=\boldsymbol{0}$ ですから，右辺は0となります．したがって，

$$Q=0 \tag{7.4}$$

となります．閉曲面 S は導体内部の任意の閉曲面ですから，(7.4) 式は導体内部には電荷が存在しないことを意味します．すなわち，電荷があるとすれば，導体表面になります．

4）性質（v）（電界は導体表面に垂直である）の導出

6.3節で学んだように，電界は等電位面に垂直ですから，等電位である導体表面に垂直になります．

導体の電気的性質を用いれば，導体で囲まれた領域に電荷がない場合には，領域の中では電位は一定，すなわち電界が $\boldsymbol{0}$ であることが導かれます．これは，囲んでいる導体の外側に電荷がどのように分布していても，導体で囲まれた領域にはまったく影響しないことを意味します．このことは，**静電遮蔽**と呼ばれ，コンピュータのような精密電子機器が金属製の箱に収められている理由となっています．ノート型パソコンを分解すると必ず薄い金属板が内側に電子基板を囲うように配置されているのは，外部の電磁界の影響により誤動作するのを防ぐためであ

ったのです．逆に，金属板（導体）を接地して，内部の影響を外部に出さない意味もあるのですが．

7.2　導体表面での電界

導体表面での電界は，導体の性質（v）から導体表面に垂直ですが，その大きさ E は，導体表面の電荷分布を σ とすると，

$$E=\frac{\sigma}{\varepsilon_0} \tag{7.5}$$

で与えられます．これを，ガウスの法則（積分形）により証明してみましょう．

この場合には，図 7.1 のように，底面が導体表面に平行でその面積が $\varDelta S$ で高さが $\varDelta h$ の導体表面を囲む円筒形領域を考えます．すなわち，閉曲面 S はこの円筒形領域の表面です．底面を $\varDelta S$ と微小としていますので，円筒形領域に入っている導体表面は平面とみなせて，また，電荷は均一に分布していると考えられます．また，高さを $\varDelta h$ と微小としていますので，円筒形領域の導体外の底面（図 7.1 の上側の底面）を貫く電界の大きさは E としてよいでしょう．

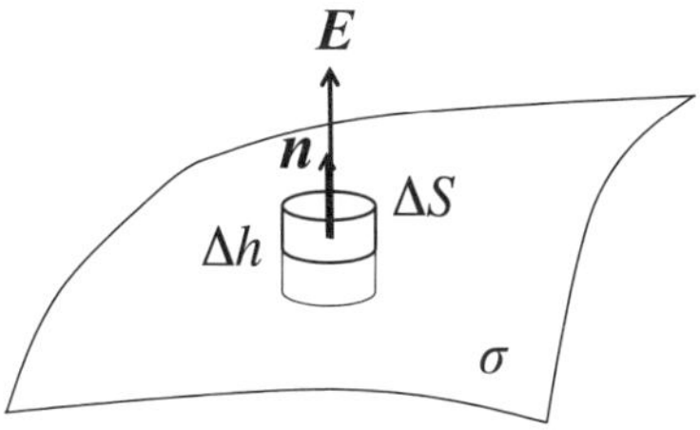

図 7.1　導体表面での電界

閉曲面 S に対してガウスの法則（積分形）の左辺は，導体外の底面を S_1，導体内の底面を S_2，側面を S_3 としますと，

$$\int_S \boldsymbol{E}\cdot d\boldsymbol{S}=\int_{S_1}\boldsymbol{E}\cdot d\boldsymbol{S}+\int_{S_2}\boldsymbol{E}\cdot d\boldsymbol{S}+\int_{S_3}\boldsymbol{E}\cdot d\boldsymbol{S} \tag{7.6}$$

のように分解されます．これらのそれぞれについて考えていきます．まず，S_1 については，$d\boldsymbol{S}$ は大きさが $\varDelta S$ で，向きは円筒形領域から外向きとなっており，電界と同じ向きですから，

$$\int_{S_1}\boldsymbol{E}\cdot d\boldsymbol{S}=E\cdot\varDelta S \tag{7.7}$$

となります．また，S_2 については，導体内では電界は 0 ですから，

$$\int_{S_2}\boldsymbol{E}\cdot d\boldsymbol{S}=\int_{S_2}\boldsymbol{0}\cdot d\boldsymbol{S}=0 \tag{7.8}$$

となります．S_3 については，高さ Δh が微小ですから，

$$\int_{S_3} \boldsymbol{E} \cdot d\boldsymbol{S} = 0 \tag{7.9}$$

となります．結局，ガウスの法則（積分形）の左辺は，

$$\int_S \boldsymbol{E} \cdot d\boldsymbol{S} = E \cdot \Delta S \tag{7.10}$$

となります．

一方，ガウスの法則（積分形）の右辺は，閉曲面内の電荷の総和が $\sigma \cdot \Delta S$ ですから，$(\sigma \cdot \Delta S)/\varepsilon_0$ となります．

したがって，ガウスの法則（積分形）から，

$$E \cdot \Delta S = \frac{\sigma \cdot \Delta S}{\varepsilon_0} \tag{7.11}$$

となり，

$$E = \frac{\sigma}{\varepsilon_0} \qquad \text{(7.5 再掲)}$$

が得られます．

7.3　1個の導体の静電容量

孤立した半径 a[m] の導体球に電荷 Q[C] を与えると，導体の電気的性質の（iv）「電荷は導体の表面のみに存在する」から電荷は球の表面に分布し，また，対称性から一様に分布します．したがって，電荷は図 7.2 のように分布します．導体球の中心から $\boldsymbol{r}$ の点（$r = |\boldsymbol{r}|$）では，この導体球による電界は，

$$\boldsymbol{E}(\boldsymbol{r}) = \frac{Q}{4\pi\varepsilon_0} \cdot \frac{\boldsymbol{r}}{r^3} \quad (r > a)$$
$$= \boldsymbol{0} \quad (r \leq a) \tag{7.12}$$

となりますので，無限遠点を電位の基準にとると，問 6.2 の結果より，導体球の電位 V は

$$V = \frac{Q}{4\pi\varepsilon_0 a} \tag{7.13}$$

となります．すなわち，電位 V は電荷 Q に比例し導体球の半径 a に反比例します．

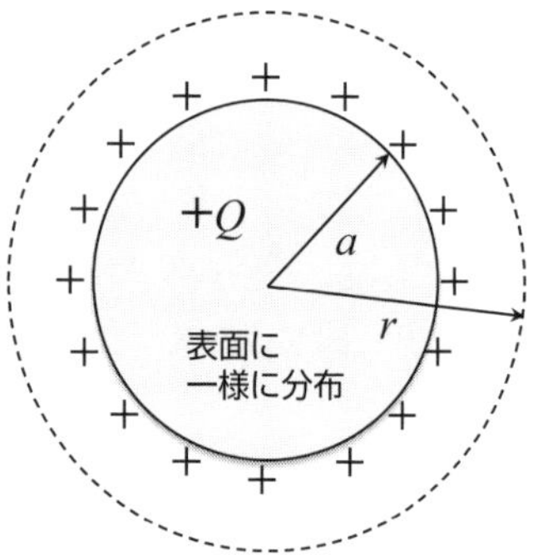

図 7.2　孤立した導体球表面での電荷の分布の様子

単位電位当たりの電荷は**静電容量** C と呼ばれます．したがって，孤立した導体球の場合には静電容量は，

$$C = \frac{Q}{V} = 4\pi\varepsilon_0 a \qquad (7.14)$$

で与えられます．(7.14) 式からわかるように，孤立した導体球の静電容量は，導体球の半径 a に比例します．また，(7.14) 式から，

$$V = \frac{Q}{C} \qquad (7.15)$$

と書けます．この式から，電荷が増減した場合の電位への影響は，静電容量が大きいほうが小さいことがわかります．このことから，電気製品などで電位の基準に地球の大地（表面電位）が用いられて，この基準を**アース**（earth）と呼ばれることが理解されます．

問 7.4　半径 a が 5[m] の導体球の無限遠点に対する静電容量はいくらか．

7.4　2個の導体の静電容量

2個の導体の一方に $+Q$[C]，もう一方に $-Q$[C] の電荷を与えたとき，両導体間の電位差が V[V] となったとします．このとき，静電容量 C[F] は

$$C = \frac{Q}{V} \qquad (7.16)$$

で与えられます．また，このような2つの導体間に電荷を蓄えることができる電子部品は，**コンデンサ**（condenser）と呼ばれます．

電子部品としてのコンデンサには，図 7.3 のように，茶色い円盤状のセラミッ

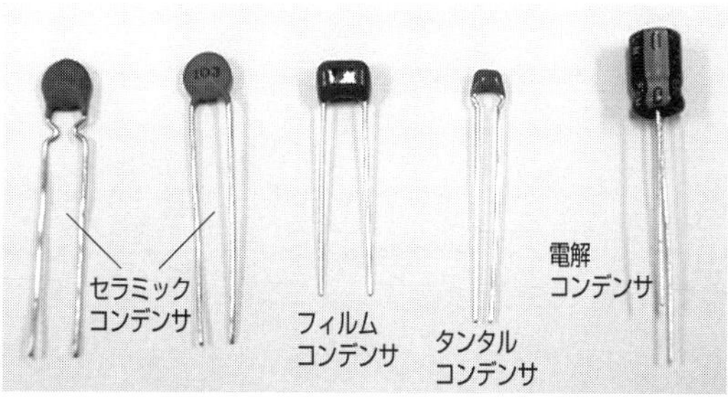

図 7.3　電子部品としてのコンデンサのいくつかのタイプ

クコンデンサ，青色などの粒状のタンタルコンデンサ，黒色などの円筒形のアルミニウム電解コンデンサなど，材料や構造によってさまざまなタイプがあります．

最も単純な形状のコンデンサとして，**平行板コンデンサ**があります．平行板コンデンサは，面積 S[m^2] の 2 枚の導体板を距離 d[m] で平行に配置したコンデンサです．平行板コンデンサの導体板間の電気力線は，実際には図 7.4 のように，導体板の内部では電気力線は導体板に垂直な線分となっていますが，端部では湾曲しています．端部での電気力線の湾曲を無視して，すべての電気力線が $+Q$ の電荷を与えた導体板から $-Q$ の電荷を与えた導体板に垂直に出ているとしますと，平行板コンデンサの静電容量 C は

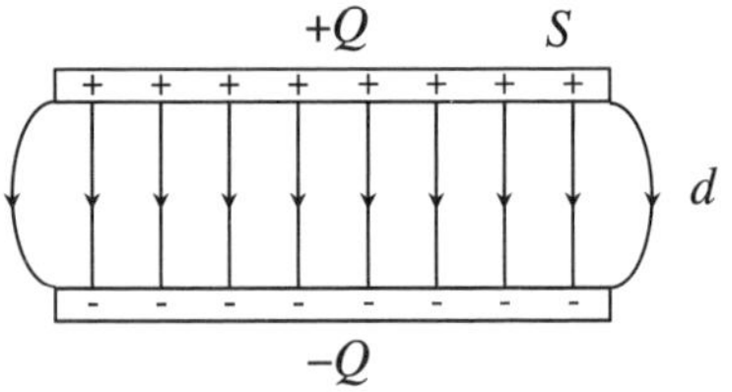

図 7.4　平行板コンデンサの導体間の電気力線

$$C=\frac{\varepsilon_0 S}{d} \tag{7.17}$$

で与えられます．

▌例題 7.2▌　平行板コンデンサの静電容量が，$C=\varepsilon_0 S/d$ となることを導出してみましょう．ここで，S は電極の面積であり，d は電極の間隔です．

答　平行板コンデンサでは，電極間の間隔 d は電極の大きさに比べて微小とみなせますので，電極間の電界 $\boldsymbol{E}$ は一定とすることができます．すなわち，電界の向きは電極に垂直でプラスの電極からマイナスの電極の方向で，電界の大きさ E は，導体表面の電界の大きさ σ/ε_0 で近似できます．いま，平行板コンデンサに電荷 Q を与え，電極間の電圧が V となったとしますと，

$$\sigma=\frac{Q}{S} \tag{7.18}$$

から，

$$E=\frac{Q}{\varepsilon_0 S} \tag{7.19}$$

となり，電極間の電圧は，

$$Ed=\frac{Qd}{\varepsilon_0 S} \tag{7.20}$$

で計算されますが，これが V となることから，

$$V=\frac{Qd}{\varepsilon_0 S} \tag{7.21}$$

となり，平行板コンデンサの容量 C は，

$$C=\frac{Q}{V}=\frac{\varepsilon_0 S}{d} \tag{7.22}$$

となります．

問 7.5 導体板の面積 S が 100 [cm^2]，間隔 d が 1 [mm] の平行板コンデンサに，電圧 V として 1000 [V] を加えたとき，蓄えられる電荷はいくらか．

7.5 誘電分極

絶縁体とは，電気を通さない物質です．雲母，石英ガラス，天然ゴムなどがあります．

分極は，絶縁体に電界をかけると，表面付近に電荷が現れる現象です．表面付近に現れた電荷は**分極電荷**と呼ばれます．分極電荷は絶縁体内の電界を弱めます．分極現象が現れることから，絶縁体は**誘電体**とも呼ばれます．

導体板間が真空の場合，導体板間に導体を入れた場合，また，導体板間に誘電体（絶縁体）を入れた場合の導体板間の電界の様子を，図 7.5 に示します．

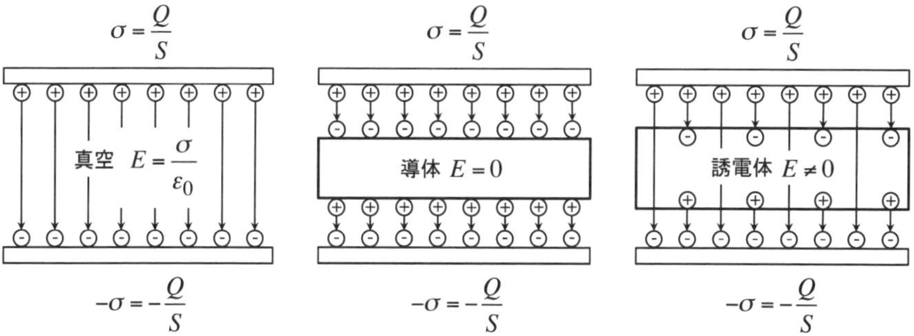

(a) 真空　(b) 導体　(c) 誘電体

図 7.5 導体板間が異なる状態での電界の様子

7.6 比誘電率

誘電体の**比誘電率**は，コンデンサにおいて，導体板間が真空のときの静電容量 C_0 と，導体板間に誘電体を挿入したときの静電容量 C との比です．すなわち，

$$\frac{C}{C_0}=\varepsilon_r \tag{7.23}$$

比誘電率の高い物質を用いることにより，小型のコンデンサをつくることができます．

さまざまな物質の比誘電率を表7.1に示します．

表7.1 さまざまな物質の比誘電率（ε_r）

物質	比誘電率	物質	比誘電率
気　体		固　体	
水素	1.000264	パラフィン	1.9～ 2.5
酸素	1.000547	ポリエチレン	2.3～ 2.4
窒素	1.00059	ナイロン	3.5～ 5.0
空気	1.000586	ガラス	3.7～10.0
液　体		雲母	4.5～ 7.5
水	80	ゴム	2.0～ 3.5
エチルアルコール	23	チタン酸バリウム	1200
ベンゼン	2.3		

問 7.6 導体板間が真空のときの静電容量が1[μF]の平行板コンデンサがある．導体板間に誘電体を入れたところ，静電容量が4[μF]となった．誘電体の比誘電率 ε_r はいくらか．

問 7.7 平行板コンデンサがある．導体板間が真空のとき，導体板間に100[V]の直流電圧を加えると，10^{-3}[C]の電荷が蓄えられた．以下の問いに答えよ．

(1) この平行板コンデンサの静電容量はいくらか．

(2) この平行板コンデンサの導体板間に比誘電率 ε_r が5の誘電体を入れた場合，同じ電荷（10^{-3}[C]）を蓄えるためには，導体板間にいくらの直流電圧を加えたらよいか．

7.7 分極ベクトルと電束密度

分極電荷は，誘電体に電界を加えたときに，誘電体表面に発生する電荷のことです（7.5 節を参照）．図 7.6 に分極電荷の発生の様子の模式図を示します．誘電体の原子や分子内の現象なので，分極電荷は外部に取り出すことができません．単位面積当たりの分極電荷は，**分極電荷密度** σ_P と呼ばれます．

真電荷は，導体表面に与えた電荷のように自由に取り出し可能な電荷のことです．単位面積当たりの真電荷は，**真電荷密度** σ_0 と呼ばれます．

みかけの電荷は，真電荷と分極電荷の差（$\sigma_0-\sigma_P$）です．誘電体を通過する電気力線に比例しています．単位面積当たりのみかけの電荷は，**自由電荷密度**と呼ばれます．

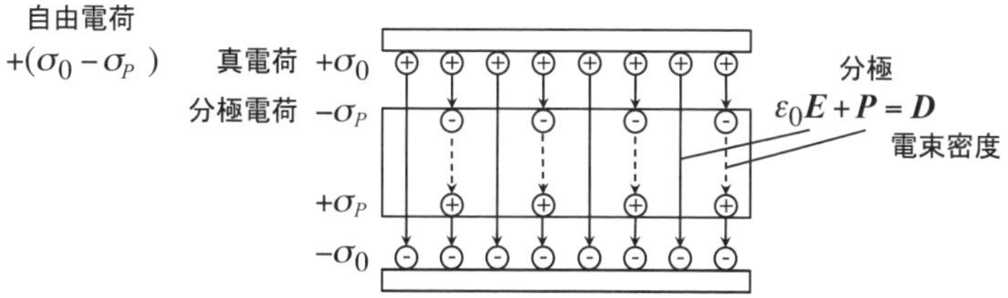

図 7.6 分極電荷密度，真電荷密度と自由電荷密度

分極ベクトル（$\boldsymbol{P}$）は，分極を表すベクトルです．大きさ σ_P で，向きは，分極により生じた電界 $\boldsymbol{E}_P$ と逆向きです．

$$\boldsymbol{P}=-\varepsilon_0\boldsymbol{E}_P \tag{7.24}$$

誘電体内の合成電界（$\boldsymbol{E}$）は，外部から加えた電界 $\boldsymbol{E}_0$ と分極により生じた電界 $\boldsymbol{E}_P$ の和で，

$$\boldsymbol{E}=\boldsymbol{E}_0+\boldsymbol{E}_P \tag{7.25}$$

したがって，

$$\varepsilon_0\boldsymbol{E}_0=\varepsilon_0\boldsymbol{E}-\varepsilon_0\boldsymbol{E}_P=\varepsilon_0\boldsymbol{E}+\boldsymbol{P} \tag{7.26}$$

電束密度（$\boldsymbol{D}$）は，誘電体の電磁気現象を数学的に表現する場合に，真空中と同じ形で表現するために導入されるベクトル量です．

$$\boldsymbol{D}=\varepsilon\boldsymbol{E}=\varepsilon_r\varepsilon_0\boldsymbol{E} \tag{7.27}$$

誘電体中も含めたガウスの法則（積分形）の統一表現は次の式です．

$$\int_S \boldsymbol{D}\cdot d\boldsymbol{S}=Q \tag{7.28}$$

問 7.8　$\int_S \boldsymbol{D}\cdot d\boldsymbol{S}=Q$ が真空中（$\varepsilon_r=1$）でも成り立つことを確かめよ．

練習問題

7.1　導体で囲まれた電荷のない領域は電位が一定であることを証明せよ．

7.2　点電荷 Q を導体で囲んだ．このとき，導体の内側表面の電荷の合計が $-Q$ となることを，ガウスの法則（積分形）を用いて証明せよ．

7.3　図7.7に示すように，半径 a の導体球を内半径および外半径がそれぞれ b, c の導体球殻が同心状に配置されている．この同心球コンデンサの静電容量を求めたい．ここで，内球と外球殻間は真空とし，$0<a<b<c$ とする．以下の問いに答えよ．

(1) 内球に電荷 $+Q$ を与えたとき，内球の中心から r での電界を求めよ．ただし，$a<r<b$ である．

(2) 内球と外球殻の電位差を求めよ．

(3) 同心球コンデンサの静電容量を求めよ．

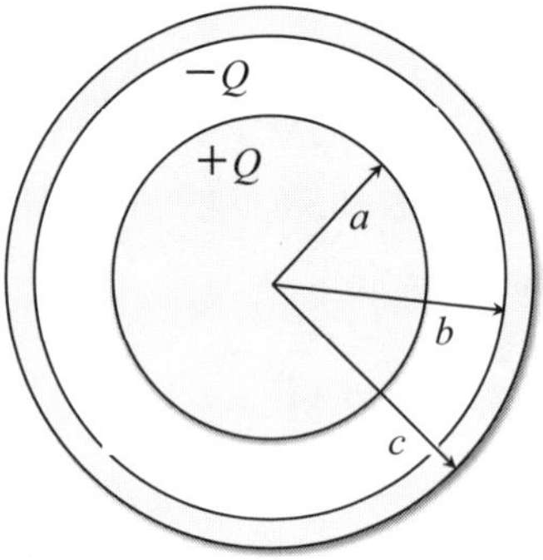

図 7.7　同心球コンデンサ

7.4　図7.8のように，半径が a, b（$0<a<b$）の薄い円筒形導体が軸を同じとして配置された同軸ケーブルがある．同軸ケーブルの長さは無限大とし，内外の円筒形導体に単位長さ当たり $\pm\lambda$ の電荷を与えたとする．以下の問いに答えよ．

(1) 同軸ケーブルの軸からの距離が r（$a<r<b$）での電界の大きさを求めよ．

(2) 内外の円筒形導体の電位差を求めよ．

(3) 同軸ケーブルの単位長さ当たりの静電容量を求めよ．

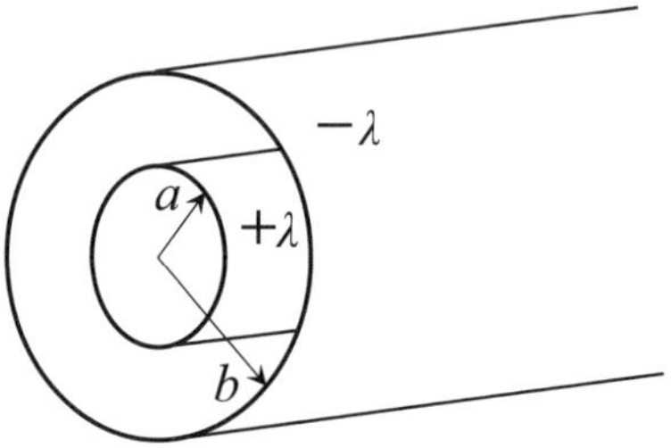

図 7.8　同軸ケーブル

第 8 講

静電エネルギーと導体に働く力

第8講では，物体に蓄えられる静電エネルギーについて学びます．ところで，A点を基準としたときのB点の電位は，1[C]の電荷を電界$\boldsymbol{E}$に逆らってA点からB点に運ぶのに必要な仕事として，

$$\phi_{A\to B}=-\int_A^B \boldsymbol{E}\cdot d\boldsymbol{s} \tag{8.1}$$

で計算され，これがB点にある1[C]の電荷が持つエネルギーの増加分であると解釈しましたね．同様に，電荷QをA点からB点まで移動させるのに必要なエネルギー（仕事）は，

$$W(A\to B)=-\int_A^B Q\boldsymbol{E}\cdot d\boldsymbol{s}=Q\phi_{A\to B} \tag{8.2}$$

で計算されますね．一方，重力が働く空間（重力場）において，質量MをP点からQ点まで移動させるのに必要なエネルギー（仕事）は，

$$W(P\to Q)=-\int_P^Q M\boldsymbol{g}\cdot d\boldsymbol{s} \tag{8.3}$$

で計算され，これが質量Mの位置エネルギーの増加になっていましたね．(8.2)式と(8.3)式から，静電エネルギーは重力場における位置エネルギーに対応していることがわかります．

上の話では，空間の電界$\boldsymbol{E}$が与えられたとして電荷Qを移動させるのに必要なエネルギーを考えました．ところが，すでに第3講で学びましたように，電荷は電界をつくりますので，電荷が移動すれば電界も変化します．第8講では，このような状況での静電エネルギーを考えます．同様な状況として，人間社会での人の気分があります．喩え話として，同僚同士では自分をアピールできるために気分がよくなり，上司とは緊張のため気分が下がるとします．また，気分の変動は周りにいる人が同僚であるか上司であるかだけによって決まり，距離が近いと気分の変動量は大きいとします．そして，気分の量に応じて職員がこなす“仕

事”（物理的な仕事ではなく一般的な労働での意味）の量が決まるとします．この仮想的な世界では，気分を静電エネルギーに，“仕事”の量を外部へ行うことができる仕事に対応させています．この世界において，ある会社の事務所で職員が決められた配置で“仕事”をしている状態を考えます．職員の気分は，事務所での職員の配置によって決まりますね．たとえば，A氏の周りはすべて上司が配置されているために，A氏は気分が滅入っており，“仕事”がはかどっていないとします．この状況で，同僚のB氏がA氏の傍に配置された場合には，A氏の気分はどう変わるでしょうか？　近くに同僚が配置されたことで気分が盛り上がるでしょう．また，事務所の職員それぞれの気分も変化します．B氏の気分も配置された場所によって決まるでしょう．しかも，気分の変化によって，それぞれの職員が行う“仕事”の量も変化しますね．

8.1 静電エネルギー

電界のある空間で，電荷を移動させるにはエネルギーが必要です．このことは，電位が単位電荷（1[C]）を電界から受ける力に逆らって基準点からゆっくりと移動させるのに必要な仕事（エネルギー）であることからもわかりますね．また，導体に電荷があれば電界が発生することも学びましたね．したがって，電荷をどこかから運んできて導体に与えるためには，エネルギーが必要となります．その結果，導体にはこのエネルギーが蓄えられることになります．この蓄えられたエネルギーは，**静電エネルギー**と呼ばれています．

▌例題8.1▌ 孤立した1個の導体に蓄えられる静電エネルギー：　半径 R の球状導体が1個だけ真空中にあるとして，導体に蓄えられる静電エネルギーを計算してみましょう．ここで，最初，導体は電荷を帯びておらず，無限遠に対する電位は0であったとします．そして，導体に与えられた電荷は Q とし，導体の無限遠に対する電位が V になったとします．

答　球状導体に微小電荷 ΔQ ずつを n 回にわたって，図8.1のように，無限遠から球状導体まで運ぶことを考えましょう．与えられる電荷の総量は Q ですから，

$$n\Delta Q = Q \tag{8.4}$$

が成立しています．

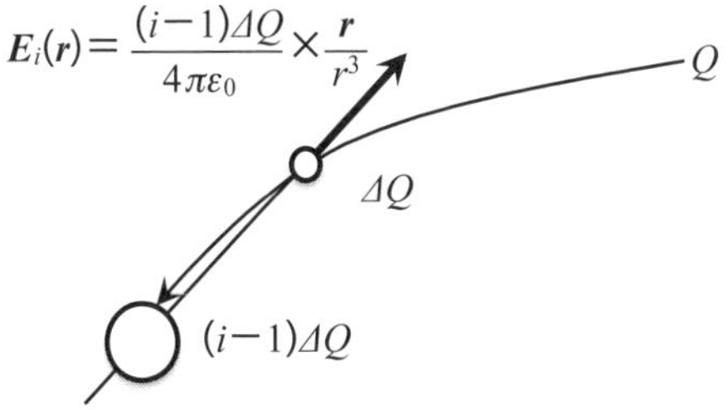

図 8.1　球状導体への電荷の蓄積

まず，球状導体が電荷を帯びていない状態では，微小電荷 ΔQ による電界を無視して空間に電界はないと近似できますので，微小電荷 ΔQ を運ぶために必要な仕事は 0 です．

次に，球状導体が電荷を $(i-1)\cdot\Delta Q$ だけ帯びている状態で，i 回目の微小電荷 ΔQ を運ぶ場合を考えます．この場合には，球状導体の中心を原点として，位置を原点からのベクトル $\boldsymbol{r}$ で表し，$|\boldsymbol{r}|=r$ とおきますと，空間（$r>R$）には電界 $\boldsymbol{E}_i(\boldsymbol{r})$

$$\boldsymbol{E}_i(\boldsymbol{r})=\frac{(i-1)\Delta Q}{4\,\pi\varepsilon_0}\cdot\frac{\boldsymbol{r}}{r^3} \tag{8.5}$$

が球状導体の中心から放射状に存在しますね．したがって，微小電荷 ΔQ を運ぶために必要な仕事 W_i は，第 6 講の（6.15）式を参考にして，

$$W_i=-\int_{(\infty)}^{(R)}\Delta Q\boldsymbol{E}_i(\boldsymbol{r})\cdot d\boldsymbol{s}=\frac{(i-1)\Delta Q^2}{4\pi\varepsilon_0 R} \tag{8.6}$$

となります．なお，（8.6）式で，「(R)」と「(∞)」は，それぞれ，球面上の点と無限遠点を表します．

微小電荷 ΔQ を n 回運んで，球状導体が電荷 Q を蓄えられる状態になるまでに必要な仕事 W は，

$$W=\sum_{i=1}^{n}W_i=\sum_{i=1}^{n}\frac{(i-1)\Delta Q^2}{4\,\pi\varepsilon_0 R}=\frac{\Delta Q^2}{4\,\pi\varepsilon_0 R}\cdot\frac{(n-1)n}{2} \tag{8.7}$$

となりますが，$n\to\infty$ として $\Delta Q\to 0$ の極限を考えますと，$n\Delta Q=Q$ であることに注意して，

$$W=\frac{1}{2}\cdot\frac{Q^2}{4\,\pi\varepsilon_0 R} \tag{8.8}$$

となることがわかります．ここで，電荷 Q を持つ半径 R の球状導体の無限遠を

基準とした電位 V が,

$$V=\frac{Q}{4\pi\varepsilon_0 R} \tag{8.9}$$

であることを思い出しますと,

$$W=\frac{1}{2}QV \tag{8.10}$$

で表現されます．これが，静電エネルギーとして球状導体に蓄えられることとなります．また，静電容量（$C=Q/V$）を用いますと,

$$W=\frac{1}{2}CV^2 \tag{8.11}$$

とも表現できます．

▌例題 8.2▐ 平行板コンデンサに蓄えられる静電エネルギー：　2つの導体板に $\pm Q$ の電荷を与えた平行板コンデンサの静電エネルギーを求めてみましょう．ここで，平行板コンデンサの導体板の面積を S，導体板の間隔を d とし，間隔 d は微小とします．

答　平行板コンデンサの2つの導体板に $\pm Q$ の電荷を与えるためには，マイナス側の導体板からプラス側の導体板に Q の電荷を移動させることで実現できますね．孤立した球状導体の場合と同様に，図8.2のように，平行板コンデンサの導体板の電荷が0の状態から，微小電荷 ΔQ ずつを n 回にわたって移動させることを考えます．

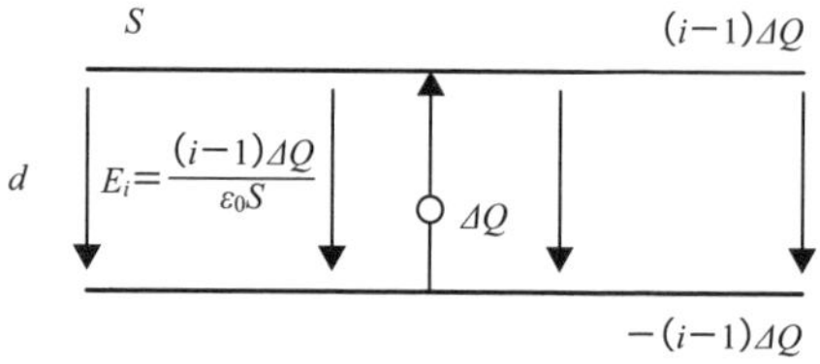

図 8.2　平行板コンデンサへの電荷の蓄積

すると，i 回目の移動時においては，導体板には $\pm(i-1)\Delta Q$ の電荷が蓄えられていますから，平行板コンデンサの導体板間の電界は，向きが導体板に垂直で，大きさ E_i は,

$$E_i=\frac{(i-1)\Delta Q}{\varepsilon_0 S} \tag{8.12}$$

となっています．この電界に逆らって微小電荷 ΔQ を移動させるために必要な仕事 W_i は,

$$W_i=\Delta Q\frac{(i-1)\Delta Q}{\varepsilon_0 S}d \tag{8.13}$$

となります．したがって，微小電荷 ΔQ ずつを n 回にわたって順々に移動させるために必要な仕事 W は，

$$W=\sum_{i=1}^{n} W_i=\sum_{i=1}^{n}\frac{(i-1)\Delta Q^2}{\varepsilon_0 S}d=\frac{\Delta Q^2 d}{\varepsilon_0 S}\cdot\frac{(n-1)n}{2} \tag{8.14}$$

となり，$n\to\infty$ として $\Delta Q\to 0$ の極限を考えますと，$n\Delta Q=Q$ であることに注意して，

$$W=\frac{1}{2}\cdot\frac{d}{\varepsilon_0 S}Q^2 \tag{8.15}$$

となります．平行板コンデンサの静電容量 C が，

$$C=\frac{Q}{V}=\frac{\varepsilon_0 S}{d} \tag{8.16}$$

であることを考慮しますと，

$$W=\frac{1}{2}\cdot\frac{Q^2}{C}=\frac{1}{2}CV^2 \tag{8.17}$$

と表され，これが平行板コンデンサに蓄えられる静電エネルギーとなります．

問 8.1 静電容量が 1.0 [μF] のコンデンサに 5.0×10^{-1} [C] の電荷を与えたときの静電エネルギーを求めよ．

問 8.2 静電容量が 8.0×10 [μF] のコンデンサに 1.0×10^{3} [J] の静電エネルギーを蓄えるのに必要な電圧を求めよ．

8.2 静電エネルギー密度

厳密な証明は省略しますが，球状導体や平行板コンデンサの静電エネルギーは，**静電エネルギー密度**を用いても計算できます．もちろん，電荷が分布した一般も場合にも適用できます．すなわち，空間に電界 $\boldsymbol{E}$（大きさ $|\boldsymbol{E}|=E$）が存在するとき，単位体積当たり静電エネルギー密度 u_e

$$u_e=\frac{1}{2}\varepsilon_0 E^2 \tag{8.18}$$

で空間にエネルギーが分布しているとして，空間のエネルギー U は，エネルギー密度 u_e を全空間にわたって体積積分することにより，

$$U=\int_{\text{全空間}} u_e dV \tag{8.19}$$

で計算することができます.

▌例題 8.3▌ 孤立した1個の導体に蓄えられる静電エネルギー：　電界のエネルギー密度を用いて，例題 8.1 で扱った孤立した1個の導体に蓄えられる静電エネルギーを求めてみましょう.

答　球状導体のつくる電界は，球状導体の中心から放射状で，その大きさ E は球状導体の中心から距離 r （$r>R$）の位置では，

$$E=\frac{Q}{4\pi\varepsilon_0}\cdot\frac{1}{r^2} \tag{8.20}$$

でしたね．これから，静電エネルギー密度 u_e は

$$u_e=\frac{1}{2}\varepsilon_0 E^2=\frac{Q^2}{32\pi^2\varepsilon_0}\cdot\frac{1}{r^4} \tag{8.21}$$

となります．また，導体内（$r<R$）では電界は0ですから，導体内では $u_e=0$ となっています．したがって，球状導体に蓄えられる静電エネルギー U は，

$$U=\frac{Q^2}{32\pi^2\varepsilon_0}\int_{全空間}\frac{1}{r^4}dV \tag{8.22}$$

となります．図 8.3 のように，球殻（$4\pi r^2 dr$）を積み重ねて全空間をカバーするように体積積分をしますと，

$$\int_{全空間}\frac{1}{r^4}dV=\int_R^\infty\frac{1}{r^4}4\pi r^2 dr=\int_R^\infty\frac{4\pi}{r^2}dr=\frac{4\pi}{R} \tag{8.23}$$

から，結局，

$$U=\frac{Q^2}{32\pi^2\varepsilon_0}\cdot\frac{4\pi}{R}=\frac{Q^2}{8\pi\varepsilon_0 R} \tag{8.24}$$

となります.

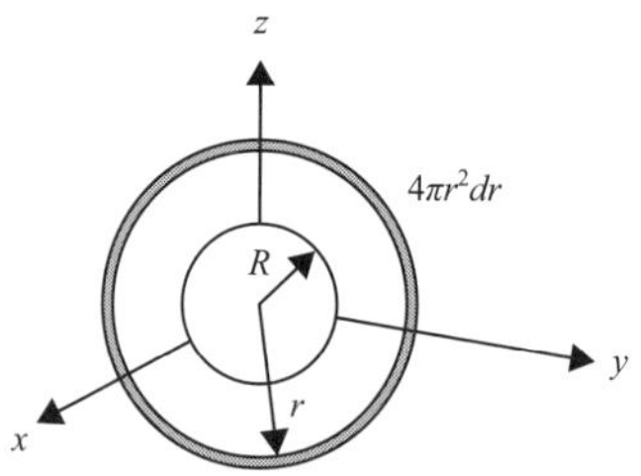

図 8.3　球殻を積み重ねる方法での体積積分

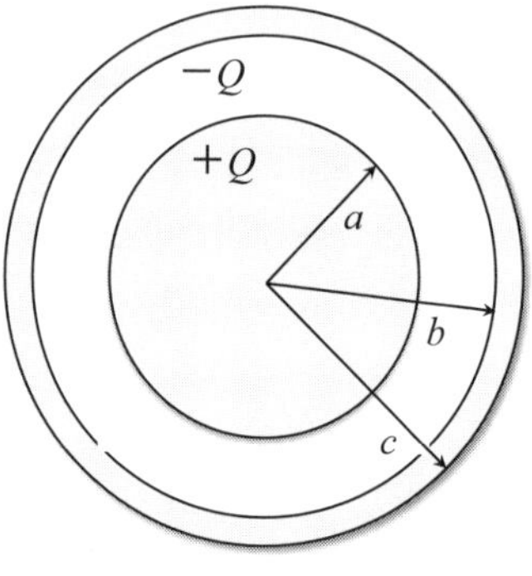

図 7.7（再掲）　同心球コンデンサ

問 8.3 図 7.7（再掲）のような同心球コンデンサにおいて，内球および外球殻にそれぞれ $+Q$ と $-Q$ の電荷を与えたときに蓄えられる静電エネルギーを求めよ．

8.3 導体に働く力

導体表面に電荷がありますと，電界が発生して，その結果導体表面上の電荷に力が働くことになります．この力は**静電力**と呼ばれます．コンデンサの導体板には電荷が蓄えられていますので，導体板に静電力が働くことになります．

例題 8.4 導体表面に働く力を求めてみましょう．ここで，導体表面は大きな平面とし，表面上には電荷密度 σ で電荷が蓄えられているとします．

答 導体表面での電界 $\boldsymbol{E}$ は，導体表面に垂直の向きで，大きさ E が

$$E=\frac{\sigma}{\varepsilon_0} \qquad (7.5\ 再掲)$$

であることはすでに第 7 講の 7.2 節で学びました．導体表面にある電荷は，図 8.4 の導体表面から上下向きの電界 $\boldsymbol{E}_1$ をつくります．ところが，導体内では電界は 0 となっていますので，図 8.4 の下から上向きの電界 $\boldsymbol{E}_2$ があって，電界 $\boldsymbol{E}_1$ の効果をキャンセルしているはずです．したがって，

$$|\boldsymbol{E}_1|=\frac{\sigma}{2\,\varepsilon_0} \qquad (8.25)$$

$$|\boldsymbol{E}_2|=\frac{\sigma}{2\,\varepsilon_0} \qquad (8.26)$$

となっているはずです．

導体表面には電荷密度 σ で電荷が存在しますので，電界により力を受けます．図 8.4 からわかりますように，電界 $\boldsymbol{E}_1$ からは図の上下に同じ大きさで力を受けますので，それらは相殺しますが，電界 $\boldsymbol{E}_2$ からは上向きに力を受けます．すなわち，導体表面が受ける静電力は，導体表面から外向き（図

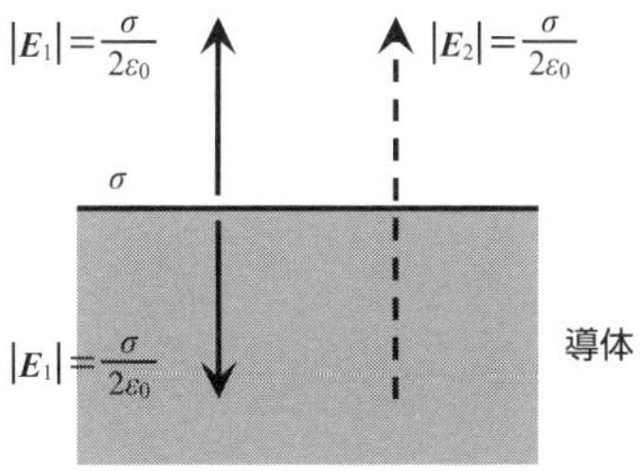

図 8.4 導体表面と導体内部の電界

8.4 では上向き）に，単位面積当たりの大きさ F は

$$F=\sigma|\boldsymbol{E}_2|=\sigma\frac{\sigma}{2\varepsilon_0}=\frac{\sigma^2}{2\varepsilon_0}=\frac{1}{2}\varepsilon_0E^2 \tag{8.27}$$

となります．

練 習 問 題

8.1　図 8.5 の同心球コンデンサに蓄えられる静電エネルギーが $\dfrac{Q^2}{8\pi\varepsilon_0}\left(\dfrac{1}{a}-\dfrac{1}{b}\right)$ となることを，例題 8.1, 8.2 で用いた方法により求めよ．

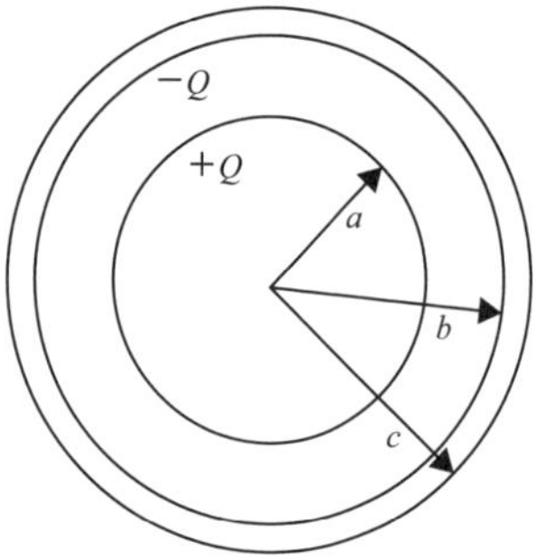

図 8.5　同心球コンデンサ

8.2　電界のエネルギー密度を用いて，平行板コンデンサの 2 枚の導体板に $\pm Q$ の電荷を与えたときの静電エネルギーを求めよ．ここで，平行板コンデンサの導体板の面積を S，導体板の間隔を d とし，間隔 d は微小とする．

8.3　真空中において，図 8.6 のように，半径 a の球導体を，誘電率 ε，内半径と外半径がそれぞれ a と b の誘電体球殻で包み，球導体に電荷 $+Q$ を与えた．以下の問いに答えよ．

(1) 球導体の中心から r（$a<r\leq b$）での電界を求めよ．

(2) 球導体の中心から r（$r>b$）での電界を求めよ．

(3) 電界のエネルギー密度を用いて，球導体が持つ静電エネルギーを求めよ．ただし，誘電体中の静電エネルギー密度 u_e は，真空中と同様に $u_e=1/2\,\varepsilon E^2$ で与えられる．

8.4　図 8.7 のように，真空中に面積 S の 2 枚の導体板が水平に微小な間隔で向かい合うように配置されている（**ケルビンの絶対電位計**という）．ここで，下板は固定されている．また，上板はバネでつり下げられている．上板に質量 m の分銅を載せたとき，導体板の間隔が d となった．分銅を取り除き，2 枚の導体板間に電圧 V を加えたところ，導体板の間隔が d に戻った．加えた電圧を表す式を求めよ．

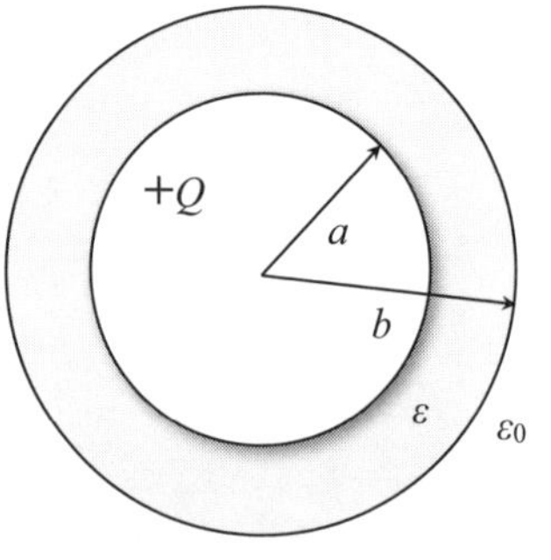

図 8.6　誘電体球殻で包まれた球導体

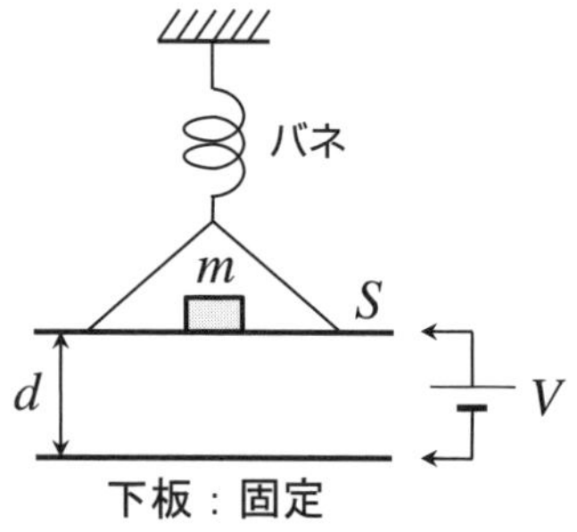

図 8.7　ケルビンの絶対電位計

第 **9** 講

磁界の性質
―クーロンの法則，磁束密度，磁性体―

棒磁石の周りに砂鉄をふりまくと図 9.1 のように，左右にプラスとマイナスの電荷がある場合の電気力線と同じような模様が現れることは，ご存じと思います．棒磁石では，一方の端は N 極，他方の端は S 極と呼ばれています．また，磁石同士を近づけた場合，同じ極は反発し合い，異なる極は引き合うことも経験していますね．

地球も磁気を帯びており，北極付近が S 極，南極付近が N 極となっていることは，方位磁石の N 極が北を指すことから，わかりますね．ところで，地質学の一分野に古地磁気学があります．**古地磁気学**では，過去の地磁気を岩石など残されている残留磁化を分析することにより，地磁気の逆転や大陸移動の様子を調べています．古地磁気学によれば，地磁気は 100 万年のオーダーでは逆転を繰り返しているそうです．実際には極が動かなくても，大陸が移動すると大陸から見た極の位置が変化することになりますね．極移動の様子については，ヨーロッパと北米で異なり，その差異は過去に遡るほど大きくなる結果が得られており，このことが大陸移動説の証拠の 1 つとなっているそうです．

本講では磁石がつくる磁界を扱います．数学的操作は電界の場合とまったく同

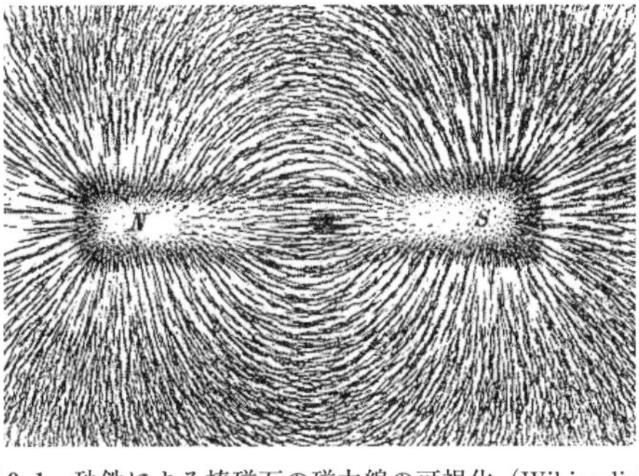

図 9.1 砂鉄による棒磁石の磁力線の可視化（Wikipedia）

じですが，N極とS極の2種類の磁極は，単独で存在せずに必ず両方がペアになって磁石を構成する点が異なっています．すなわち，電界での真電荷（単独で自由に移動できる電荷）に対応するものがありません．この点が電束密度に対応する磁束密度を考えた場合に，電束密度の発散が真電荷密度となることに対して，磁束密度の発散は必ず0となるといった違いとして現れます．

また，本講では物質が磁界に反応する性質である磁性についても触れ，反応の仕方によって物質は，常磁性体，反磁性体，強磁性体に分類されることを学びます．磁石の材料となる鉄などの物質は，磁界に対してはヒステリシス（履歴現象）と呼ばれる興味深い反応を示します．

9.1 磁　　界

磁石が鉄などの金属に力を及ぼすことは，古くから知られていました．磁石が及ぼす力を**磁力**と呼びます．また，磁石には磁力を持つ部分（**磁極**）があり，磁極にはN極と呼ばれる極とS極と呼ばれる極の2種類あります．そして，磁極間に働く力は，電荷間に働く力と同じ形の式で表されることがわかっています．この関係式は，電荷の場合と同じく，**クーロンの法則**と呼ばれ，磁極間に働く力も**クーロン力**と呼ばれています．

磁極間のクーロン力$\boldsymbol{F}_m$の大きさF_mは，

$$F_m=\frac{1}{4\pi\mu_0}\cdot\frac{Q_{m1}Q_{m2}}{r^2} \tag{9.1}$$

で表されます．ここで，Q_{m1}やQ_{m2}は磁極の強さを表し，**磁荷**と呼ばれています．磁荷の単位はWb（ウェーバー）です．また，μ_0は**真空の透磁率**と呼ばれる定数で，

$$\mu_0=4\pi\times10^{-7}\,[\mathrm{Wb^2/(Nm^2)}]=4\pi\times10^{-7}\,[\mathrm{H/m}] \tag{9.2}$$

の値を持っています．

磁荷間のクーロンの法則をベクトル的に表現しますと，

$$\boldsymbol{F}_m=\frac{Q_{m1}Q_{m2}}{4\pi\mu_0}\cdot\frac{\boldsymbol{r}}{|\boldsymbol{r}|^3} \tag{9.3}$$

となります．

このように，磁石（磁荷）に関しても，電荷の場合と同じ形式の力の法則が成

り立ちますので，電荷の場合に出てきました，電界，ガウスの法則，電位，分極電荷，ポアッソンの法則などの概念や法則もまったく同じように成り立ちます．ただし，磁荷に関しては，N 極だけや S 極だけの磁荷を与えることはできないことから，真電荷に対応するものはなく，分極電荷に対応する磁荷のみが存在する点が異なっています．以下では，電荷の場合に説明した順序に従って，磁気現象について説明していきます．

磁界は，磁荷によるクーロン力を媒介する空間のことです．空間内に置かれた点磁荷 q_m に働くクーロン力 $\boldsymbol{F}_m$ は，点磁荷 q_m の場所での磁界 $\boldsymbol{H}$ を用いて，

$$\boldsymbol{F}_m = q_m \boldsymbol{H} \tag{9.4}$$

で表されます．

これから，原点に置かれた点磁荷 Q_m が位置 $\boldsymbol{r}$ につくる磁界は，

$$\boldsymbol{H} = \frac{Q_m}{4\pi\mu_0} \cdot \frac{\boldsymbol{r}}{|\boldsymbol{r}|^3} \tag{9.5}$$

と表されます．

なお，身の回りにある磁界には**地磁気**があります．これにより，方位磁石で南北の方向を知ることができます．方位磁石では N 極が北を向き S 極が南を向くことから，実際には少しずれていますが，図 9.2 のように，地球の北極は磁極としては S 極，南極は N 極となっています．

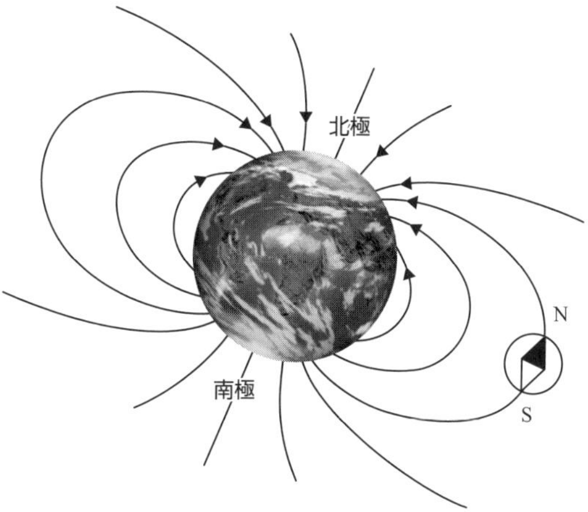

図 9.2　地磁気

問 9.1　原点に磁荷 $-Q_m$ があるとき，点 $\boldsymbol{r}$ での磁界 $\boldsymbol{H}$ を求めよ.

問 9.2　地球上の広い範囲で方位磁石を用いると，水平方向の回転だけでなく，垂直方向にも変化することが観察される．磁針の鉛直方向への傾きは伏角と呼ばれているが，なぜ，伏角が変化するかを考察せよ.

磁力線は，磁界に置かれた磁荷が受けるクーロン力につり合う力を加えながら，磁荷をクーロン力の方向へゆっくりと動かしたときに，磁荷の移動を表した曲線のことです．磁力線の接線の方向は磁界の方向に一致します.

ガウスの法則（積分形）は，任意の閉曲面 S に対する磁界の法線成分の面積分が，その閉曲面内の磁荷の総和を真空の透磁率で割ったものに等しくなることを表します.

$$\int_S \boldsymbol{H}\cdot\boldsymbol{n}dS=\int_S \boldsymbol{H}\cdot d\boldsymbol{S}=\frac{Q_m}{\mu_0} \tag{9.6}$$

ガウスの法則（微分形）は，空間内の磁荷分布を ρ_m としますと，

$$\mathrm{div}\boldsymbol{H}=\frac{\rho_m}{\mu_0} \tag{9.7}$$

が成立するというものです.

磁位は，単位磁荷（1 [Wb]）を磁界から受ける力に逆らって基準点から静かに移動させるのに必要な仕事（エネルギー）です．A 点に対する B 点の磁位 $\phi_{m\mathrm{A}\to\mathrm{B}}$ は，磁界を用いて

$$\phi_{m\mathrm{A}\to\mathrm{B}}=-\int_{\mathrm{A}}^{\mathrm{B}} \boldsymbol{H}\cdot d\boldsymbol{S} \tag{9.8}$$

で計算されます.

また，磁位 ϕ_m が与えられますと，磁界 $\boldsymbol{H}$ は

$$\boldsymbol{H}=-\mathrm{grad}\phi_m \tag{9.9}$$

で計算されます．この関係式を磁界のガウスの法則（微分形）に代入しますと，

$$\mathrm{div}(\mathrm{grad}\phi_m)=-\frac{\rho_m}{\mu_0} \tag{9.10}$$

が得られます.

問 9.3　原点に磁荷 Q_m がある．無限遠を基準としたときの点 $\boldsymbol{r}$ での磁位 ϕ_m を求めよ.

静電界の場合（図 6.6 を参照）と同じように，静磁界の場合にも，磁荷，磁界，および，磁位の関係をまとめますと，図 9.3 のようになります．

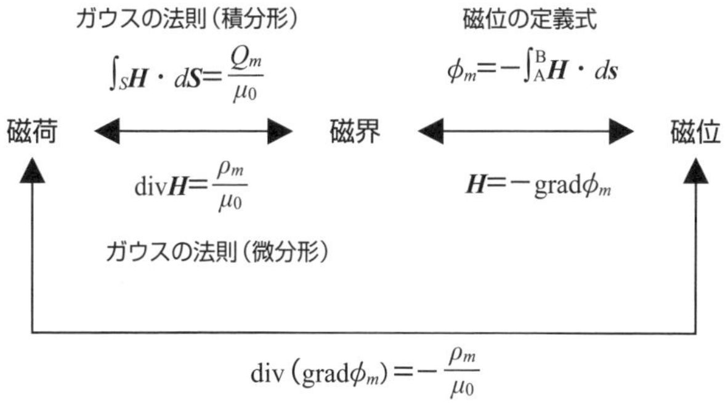

図 9.3　磁荷，磁界，および，磁位の関係

9.2 磁　性　体

磁性は，鉄に磁石を近づけると磁石に吸いつけられるように，物質が磁界に反応する性質です．また，**磁性体**は，磁性を帯びることができる物質のことです．磁性体を磁界中に置くと，磁性体には**磁化** $\boldsymbol{M}$ が生じます．磁化 $\boldsymbol{M}$ の生じ方により，磁性体は常磁性体，反磁性体，および，強磁性体の 3 種類に分類されますが，一般には強磁性体を単に磁性体と呼んでいます．

常磁性体は，物質中の磁界 $\boldsymbol{H}$ に比例して，同じ方向の磁化 $\boldsymbol{M}$ が生じる磁性体です．アルミニウム，チタン，酸素などがあります．磁化 $\boldsymbol{M}$ は

$$\boldsymbol{M}=\chi_m\boldsymbol{H}=\mu_0\bar{\chi}_m\boldsymbol{H} \tag{9.11}$$

となります．ここで，χ_m は磁化率（磁気感受率），$\bar{\chi}_m=\chi_m/\mu_0$ は比磁化率（比磁気感受率）と呼ばれます．常磁性体では，χ_m や $\bar{\chi}_m$ は正の値ですが，$\bar{\chi}_m$ の値は小さい（10^{-3} 程度以下）です．

反磁性体は，物質中の磁界 $\boldsymbol{H}$ に比例して，反対方向の磁化 $\boldsymbol{M}$ が生じる磁性体です．銅，銀，水などがあります．反磁性体では，$\bar{\chi}_m$ は負の値ですが，$\bar{\chi}_m$ の絶対値は小さい（10^{-5} 程度）です．

強磁性体は，物質中の磁界 $\boldsymbol{H}$ と磁化 $\boldsymbol{M}$ の関係が非線形であり，磁化 $\boldsymbol{M}$ の大きさが非常に大きい物質です．鉄，コバルト，ニッケルやこれらの合金が強磁性

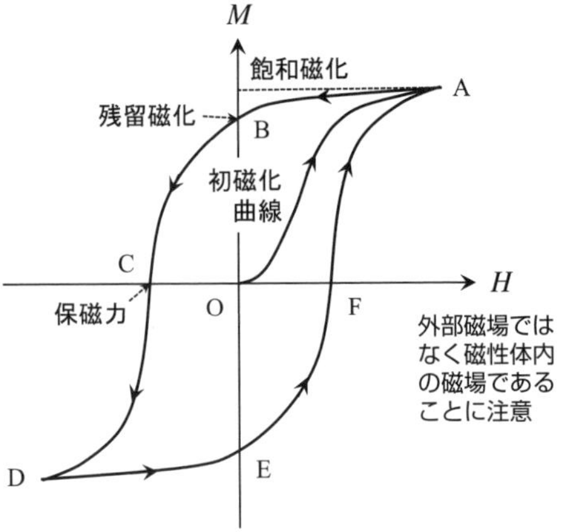

図 9.4　M-H 曲線

体です．

磁化 $\boldsymbol{M}$ の大きさ M は，物質中の磁界 $\boldsymbol{H}$ の大きさ H の変化の経過によって異なるという履歴現象（**ヒステリシス**）を示します．M の変化と H の変化を図に表したものは M-H 曲線と呼ばれますが，M-H 曲線は図 9.4 のようにループ状になることから，**ヒステリシスループ**と呼ばれています．

M-H 曲線において，$H<0$ で $M=0$ となる H は保磁力と呼ばれます．

M-H 曲線が横に広い，すなわち，保磁力が大きいほど，強い磁石となります．

9.3 磁束密度

電界での電束密度に対応して，磁界においても磁束密度 $\boldsymbol{B}$ が

$$\boldsymbol{B}=\mu\boldsymbol{H} \tag{9.12}$$

で定義されます．ここで，μ は**透磁率**と呼ばれ，物質によって異なります．また，μ の真空の透磁率 μ_0 に対する比率 μ_r は比透磁率と呼ばれます．比透磁率を用いると透磁率は

$$\mu=\mu_r\mu_0 \tag{9.13}$$

で表されます．

ところで，9.1 節の最初に説明しましたように，磁荷に関しては，真電荷に対応するものはなく，分極電荷に対応する磁荷のみが存在します．このことから，

磁界 $\boldsymbol{H}$ に対しては，

$$\mathrm{div}\boldsymbol{H}=\frac{\rho_m}{\mu_0} \qquad (9.7\text{ 再掲})$$

が成り立つのに対して，磁束密度 $\boldsymbol{B}$ に対しては，

$$\mathrm{div}\boldsymbol{B}=0 \qquad (9.14)$$

となります．このことは，ベクトル解析での表現を用いますと，磁束密度は“吸い込みや湧き出しがない”となります．すなわち，磁束密度を表す曲線群（磁束線）は，途中で切れたり現れたりすることがないことを意味します．

9.4　磁力線と磁束線

磁石の場合の磁力線と磁束線を図 9.5 に示します．図からわかりますように，磁力線は磁石の両端の N 極では湧き出し S 極では吸い込みがあり，磁界が磁石の内外で不連続になっていますが，磁束線では磁石の内外でも連続しています．

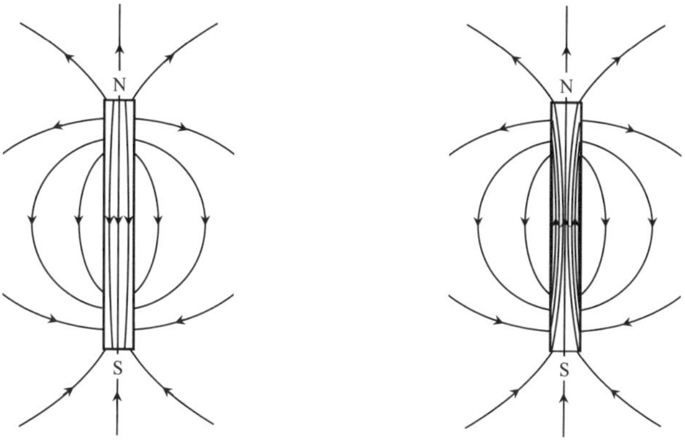

（a）磁力線　（b）磁束線

図 9.5　磁石における磁力線と磁束線

練習問題

9.1　図9.6のように $\pm Q_m$ の磁荷を持つ長さ $2a$ の2本のかたい棒磁石が直角に組み合わさっている．点CとDの点Aに働く力の合力の方向を図に示せ．また，合力の大きさを求めよ．

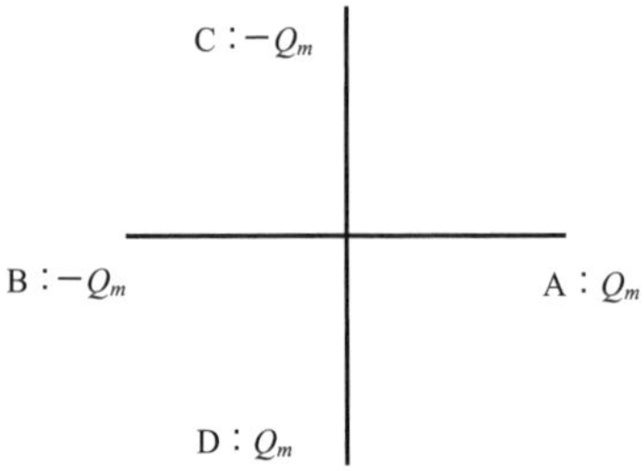

図9.6　直角に組み合わさった2本の棒磁石

9.2　長さ l の細い棒磁石がある．磁荷は棒磁石の両端にそれぞれ Q_m，$-Q_m$ であるとする．

(1) 棒磁石の垂直二等分線上で，棒磁石から距離 d の点Pでの磁界の大きさを求めよ．

(2) 棒磁石の長さが微小である場合には，点Pでの磁界の大きさはどうなるか．

第10講

電流がつくる磁界
—アンペールの法則（積分形）—

電流が流れると，その周りには磁界が発生することはご存じですね．この現象は電流の磁気作用と呼ばれ，デンマークの物理学者で化学者でもあったハンス・クリスティアン・エルステッドによって，1820年に発見されました．そして，エルステッドの実験レポートは，電流がつくる磁界を定式化したアンドレ・マリー・アンペールらによる電磁気学の発展のきっかけとなりました．まず，エルステッドの実験を体験してみましょう．

▍実験 10.1▍ 方位磁石を用意し，その横に導線を張り，電流を流してみましょう．方位磁石の磁針がどう動くか観察してみましょう．

▍実験 10.2▍ 実験 10.1 において，電流の向きを変えると磁針の動きはどうなるか観察してみましょう．

さて，脳の活動を計測する装置としては，脳波計が古くから用いられてきました．脳波計では，脳神経細胞の活動（脳神経活動）に伴う微弱な電圧を電極で計測しています．近年，脳疾患の予防や治療，また脳の仕組みを解明するために，f-MRI（functional Magnetic Resonance Imaging）装置，脳磁図計測装置などの脳活動計測装置が開発されて応用されています．f-MRI 装置では，脳神経活動に伴う血流変化を計測することにより，二次的に（直接測っているわけではないという意味で）脳神経活動を計測しています．f-MRI 装置で計測した脳活動の様子を示した例を図 10.1 に示します．脳部位の活動の活発さは，色の濃さで表示されています．

問 10.1 f-MRI 装置や脳磁図計測装置を調べてみましょう．

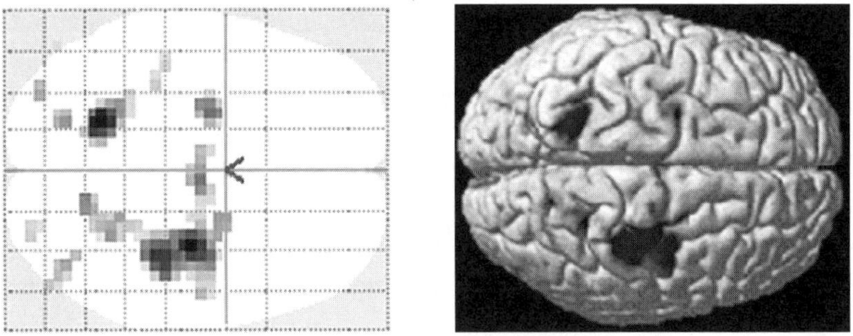

(a)　計測結果　　　(b)　標準的な脳にマッピングした計測結果

図 10.1　f-MRI で計測した脳神経活動

10.1　アンペールの法則（積分形）

電流により発生する磁界を関係づける法則には，**アンペールの法則**や**ビオ-サバール**の法則がありますが，ここでは，アンペールの法則（積分形）を説明します．

アンペールの法則（積分形）は，

$$\int_C \boldsymbol{H}\cdot d\boldsymbol{s}=\int_S \boldsymbol{i}\cdot \boldsymbol{n}dS \qquad (10.1)$$

で表されます．ここで，それぞれの記号の意味は，図 10.2 に示すように，

C は任意の閉曲線（閉曲線を回る方向は内側を左手に見るようにとる），

$\boldsymbol{H}$ は閉曲線 C 上での磁界，

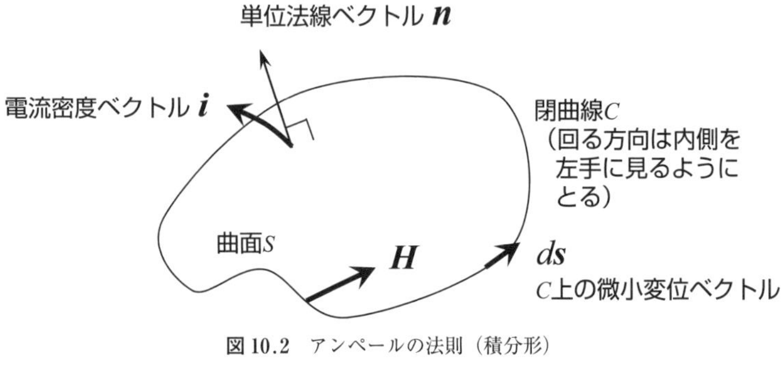

図 10.2　アンペールの法則（積分形）

ds は閉曲線 C 上の微小変位ベクトル，
S は閉曲線 C で囲まれた曲面，
$\boldsymbol{i}$ は閉曲線 C で囲まれた曲面 S の各部を通る電流密度ベクトル，
$\boldsymbol{n}$ は閉曲線 C で囲まれた曲面 S の各部の単位法線ベクトル

です．

したがって，(10.1) 式の左辺は，閉曲線 C に沿った磁界の接線成分の線積分となり，また，右辺は，閉曲線 C で囲まれた曲面 S を貫く電流密度の垂直成分の面積分となっています．この法則は積分によって表されていますので，**アンペールの法則（積分形）**と呼ばれています．名前から想像されますように，**アンペールの法則（微分形）**も存在し，第 11 講で学びます．

▌例題 10.1▌ 直線状の電流 I の周りの磁界： 直線状に電流（強さ I）が流れているときの磁界を，アンペールの法則（積分形）を用いて求めてみましょう．

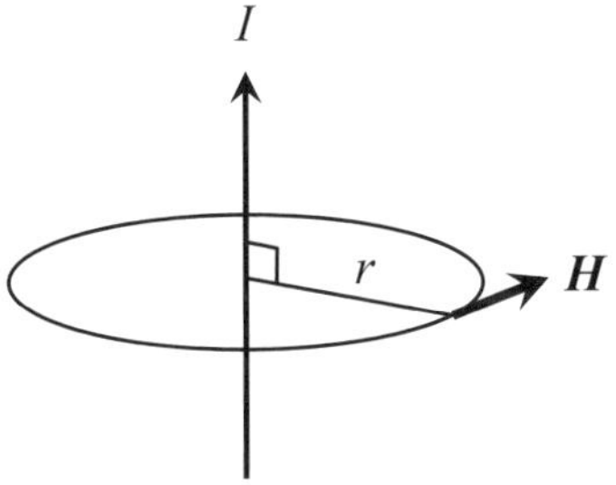

図 10.3　直線状電流の周りの磁界

答　図 10.3 のように，上向きに電流の向きをとります．すると，対称性から電流の周りの磁界は，図のように電流に垂直な平面内で同心円状となります．そこで，半径 r の円の周に沿ってアンペールの法則（積分形）を適用します．

まず左辺ですが，磁界 $\boldsymbol{H}$ の方向は反時計回りに円を回るときの接線方向です．また，閉曲線 C 上の微小変位ベクトル $d\boldsymbol{S}$ は，閉曲線 C を回る方向は内側を左手に見るようにとりますので，磁界 $\boldsymbol{H}$ の方向と同じとなります．$|\boldsymbol{H}|=H$, $|d\boldsymbol{s}|=ds$ とおくと，

$$\boldsymbol{H}\cdot d\boldsymbol{s}=Hds \tag{10.2}$$

となりますが，ds は半径 r の円の周の微小長さとなっていますので，

$$\int_C \boldsymbol{H}\cdot d\boldsymbol{s}=\int_C Hds=H\int_C ds=H\cdot 2\pi r \tag{10.3}$$

となります．

一方，右辺は閉曲線 C で囲まれる曲面 S（この場合は平面 S）を貫く電流密度の垂直成分の面積分を計算しますが，電流 I のみが平面 S を垂直に貫いていますので，面積分の値は

$$\int_S \boldsymbol{i}\cdot\boldsymbol{n}dS=I \tag{10.4}$$

となります．

結局，

$$2\pi rH=I \tag{10.5}$$

となり，磁界$\boldsymbol{H}$の大きさHは，

$$H=\frac{I}{2\pi r} \tag{10.6}$$

と求まります．

問 10.2　真空中で直線状に$6.28=2\pi$[A]の電流が流れている．この直線状電流から2[m]離れている場所での磁界強度（磁界の大きさ）Hはいくらか．

問 10.3　真空中に，平行で距離が2[m]離れて互いに逆方向に流れる直線状電流が2本ある．直線状電流のそれぞれの大きさが$3.14=\pi$[A]であるとき，これらの電流から同じ距離にある中間点での磁界強度（磁界の大きさ）Hはいくらか．

問 10.4　真空中に，xyz直交座標系のz軸の正の方向に流れる直線状電流Iがある．このとき，点A：(0, R, 0)での磁界を求めよ．

▌例題 10.2▐　直線状円管を流れる電流Iの周りの磁界：　半径aの薄い直線状円管があり，この円管に一様に電流Iが流れているとします．このときの磁界を求めてみましょう．

答　円管の外側（$r\geq a$）では，例題10.1と同様に，対称性から電流の周りの磁界は，円管を流れる電流に垂直な平面内で，円管の軸と平面の交点Oを中心とした同心円状となります．そこで，点Oを中心とした半径rの円Cとそれによって囲まれる平面Sに対して，アンペールの法則（積分形）を適用します．左辺が

$$\int_C \boldsymbol{H}\cdot d\boldsymbol{s}=2\pi rH \tag{10.7}$$

となることは，明らかでしょう．

電流は半径aの円管を流れていますが，電流は平面Sに垂直に流れており，平面Sを貫く電流の総和はIですので，アンペールの法則（積分形）の右辺は，

$$\int_S \boldsymbol{i}\cdot\boldsymbol{n}dS=I \tag{10.8}$$

となります．

したがって，磁界 $\boldsymbol{H}$ の大きさ H は，

$$H=\frac{I}{2\pi r} \tag{10.9}$$

と求まります．

一方，円管の内側（$r<a$）では，半径 r の円 C によって囲まれる平面 S を貫く電流はありません．これから，アンペールの法則（積分形）の右辺は0となります．したがって，

$$\int_C \boldsymbol{H}\cdot d\boldsymbol{s}=0 \tag{10.10}$$

となり，

$$\boldsymbol{H}=\boldsymbol{0} \tag{10.11}$$

となります．

10.2　ソレノイドがつくる磁界

図10.4のように，円筒状に導線を隙間なく数多く巻いたものは，**ソレノイド**（ソレノイドコイル）と呼ばれます．そして，ソレノイドに電流を流した場合に発生する磁界の様子は，図のようになります．すなわち，ソレノイドの外部の磁界は，左端をN極，右端をS極として広がっています．また，内部の磁界は，図のように人差し指から小指の指先を電流の向きに合わせてソレノイドを右手で握ったとき，親指の向く方向となります．これは**右手の法則**と呼ばれていますね．

ソレノイドがつくる磁界は，図10.5に示すように，巻き数が多くなり長くなると，コイル内部の磁界は均一になるとともに，外部の磁界の大きさは弱くなってきます．

単位長さ当たりの巻き数が n の無限長のソレノイドの場合には，ソレノイドがつくる磁界は，流れる電流の大きさを I としますと，

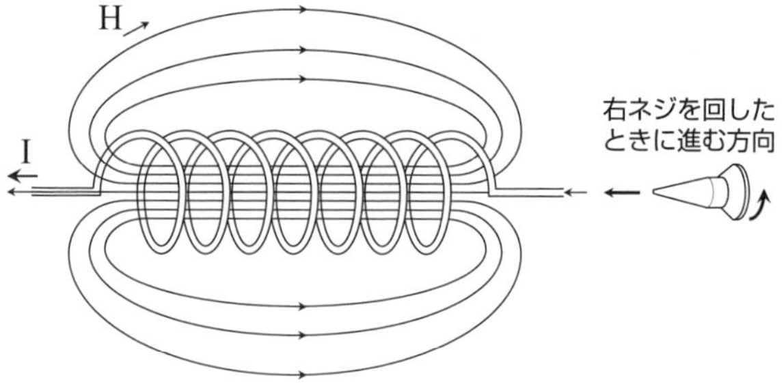

図 10.4　ソレノイドがつくる磁界

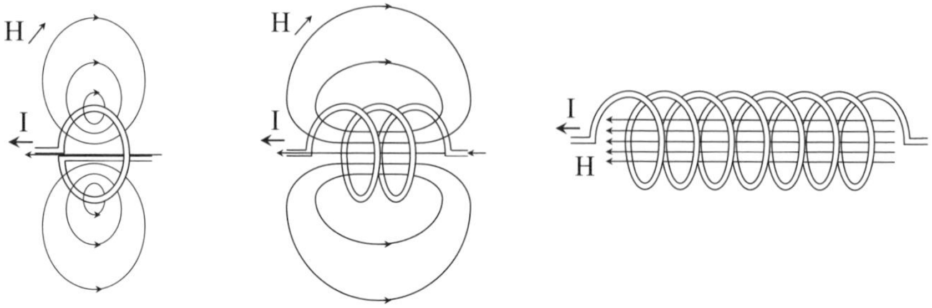

図 10.5　巻き数によるソレノイドがつくる磁界の変化

ソレノイド内　　方向：軸方向（右手の法則），大きさ：nI
ソレノイド外　　$\boldsymbol{H}=\boldsymbol{0}$　　(10.12)

となっています．

問 10.5　単位長さ当たり100回巻きの無限長ソレノイドに電流を3[A]流したときの，ソレノイドがつくる磁界の大きさを求めよ．

例題 10.3　ソレノイドのつくる磁界：　ソレノイドのつくる磁界を表す(10.12) 式を証明してみましょう．

答　ソレノイドの軸をz軸方向としますと，対称性より，磁界はz軸方向となります．しかも，軸からの距離をrとしますと，磁界の大きさはz座標によらず距離rだけの関数となります．これらのことから，空間内の磁界の大きさは，$H_z(r)$と表すことができます．

いま，図 10.6 のように，軸を含む平面内において，閉路 ABDCA と閉路

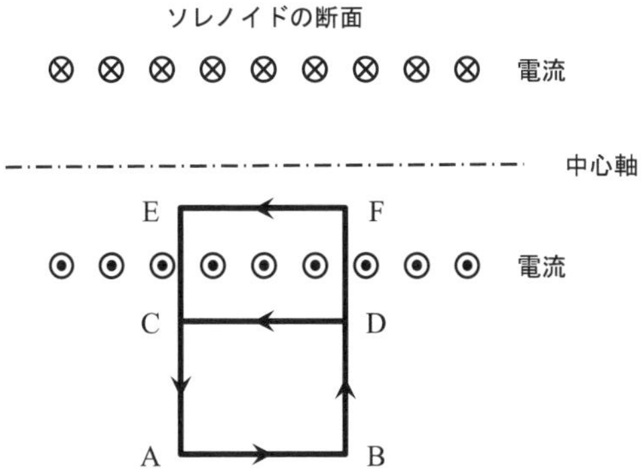

図 10.6　ソレノイドと閉路

ABFEA を考えます．ここで，辺 AB，CD，EF の長さは，それぞれ，単位長とし，それぞれの辺の軸からの距離を r_{AB}，r_{CD}，r_{EF} とします．また，磁界の向きは左向きと仮定します．

まず，閉路 ABDCA については，

$$\int_C \boldsymbol{H}\cdot d\boldsymbol{s} = -H_z(r_{\mathrm{AB}}) + H_z(r_{\mathrm{CD}}) \tag{10.13}$$

$$\int_S \boldsymbol{i}\cdot \boldsymbol{n}dS = 0 \tag{10.14}$$

ですから，アンペールの法則（積分形）を用いますと，

$$H_z(r_{\mathrm{AB}}) = H_z(r_{\mathrm{CD}}) \tag{10.15}$$

となります．

ところで，$r_{\mathrm{AB}}\to\infty$ とすると $H_z(r_{\mathrm{AB}})\to 0$ となるのは明らかですから，

$$H_z(r_{\mathrm{AB}}) = H_z(r_{\mathrm{CD}}) = 0 \tag{10.16}$$

となり，ソレノイドの外側の磁界は **0** となります．

次に，閉路 ABFEA について，アンペールの法則（積分形）を用いますと，

$$nI = -H_z(r_{\mathrm{AB}}) + H_z(r_{\mathrm{EF}}) = H_z(r_{\mathrm{EF}}) \tag{10.17}$$

となり，ソレノイドの内側の磁界は一定で nI となり，この値は正の値であることから，磁界の向きは左向きであることがわかります．

図 10.7 のように，ドーナツ状の円環にコイルを巻きつけたものは**トロイダルコイル**と呼ばれます．この構造は，ソレノイドの両端をつなげたものとみなすことができます．

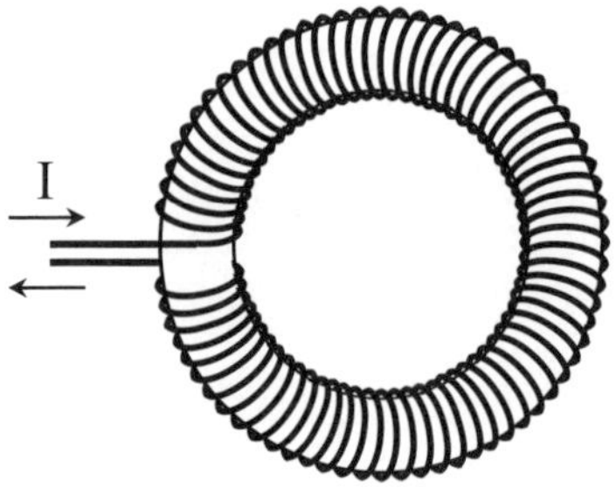

図10.7　トロイダルコイル

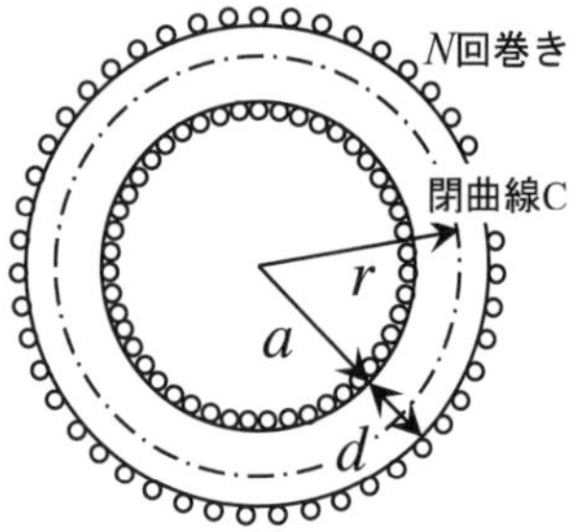

図10.8　トロイダルコイルの断面図

▌例題10.4▐　トロイダルコイルのつくる磁界：　巻き数Nのトロイダルコイルに電流Iを流したとき，トロイダルコイルのつくる磁界を考えてみましょう．

答　トロイダルコイルの外側の磁界は，ソレノイドの場合と同様にすると，**0**となることが容易にわかります．

一方，内側の磁界は，図10.8の断面図のように，ドーナツ状の円環をその中心軸を含む平面で切ったときの内側の円と外側の円では単位長さ当たりの巻き数が異なっていますので，均一とはなりません．図のように，円環の断面がつくる同心円の中心からの半径がr（$a<r<a+d$）の閉曲線Cを考えますと，対称性から磁界はこの閉曲線Cに沿った向きとなり，閉曲線C上では磁界の大きさは同じ（$H(r)$とする）となっています．

閉曲線Cに対してアンペールの法則（積分形）を適用しますと，

$$2\pi rH(r)=NI \tag{10.18}$$

となります．したがって，

$$H(r)=\frac{NI}{2\pi r} \tag{10.19}$$

となります．

なお，トロイダルコイルの幅dが半径rよりも十分小さい場合には，内側の磁界は，

$$H(r)=\frac{NI}{2\pi a} \tag{10.20}$$

と近似でき，単位長さ当たりの巻き数nは，

$$n=\frac{N}{2\pi a} \tag{10.21}$$

と近似できますから，内側の磁界は，

$$H(r)=nI \tag{10.22}$$

となり，ソレノイドの場合と同じとなります．

練習問題

10.1 断面の半径が a で長さが無限大の円柱状物体に，一様に電流 I が流れている．このときの磁界を求めよ．

10.2 内半径が a，外半径が b で，厚みが一定の直線状円管がある．ただし，$a<b$ である．この円管に一様に電流 I が流れている．このときの磁界を求めよ．

10.3 断面の半径が a で長さが無限大の薄い円環状導体の表面に，一様に電流 I が流れている．この円環状導体の中心軸に一致させて導線が配置され，逆向きに電流 I が流れている．このときの磁界を求めよ．

第 11 講
アンペールの法則（微分形）とビオ-サバールの法則

11.A 回　　転

ベクトル解析において重要な演算の1つである**回転**（rotation）について説明します．回転はベクトル関数をベクトル関数に対応させる演算です．

たとえば，xyz 直交座標系におけるベクトル関数 $\boldsymbol{A}=(A_x, A_y, A_z)$ に対して，回転 $\mathrm{rot}\boldsymbol{A}=\boldsymbol{B}=(B_x, B_y, B_z)$ は，

$$B_x=\frac{\partial A_z}{\partial y}-\frac{\partial A_y}{\partial z} \tag{11.1}$$

$$B_y=\frac{\partial A_x}{\partial z}-\frac{\partial A_z}{\partial x} \tag{11.2}$$

$$B_z=\frac{\partial A_y}{\partial x}-\frac{\partial A_x}{\partial y} \tag{11.3}$$

で計算されます．

計算方法が少々複雑ですので，3行3列の行列の行列式の計算手順を借りて，

$$\boldsymbol{B}=\mathrm{rot}\boldsymbol{A}=\begin{vmatrix} \boldsymbol{i} & \boldsymbol{j} & \boldsymbol{k} \\ \dfrac{\partial}{\partial x} & \dfrac{\partial}{\partial y} & \dfrac{\partial}{\partial z} \\ A_x & A_y & A_z \end{vmatrix} \tag{11.4}$$

と表現される場合もあります．ここで，$\boldsymbol{i}$，$\boldsymbol{j}$，$\boldsymbol{k}$ は，それぞれ，x 方向，y 方向，z 方向の単位ベクトルです．

回転も発散と同様にちょっとわかりにくい概念ですが，ベクトルとその周りの回転とが右ネジの法則で結びついていることを表しています．

問 11.1　以下の行列の行列式を求めよ．

(1) $\boldsymbol{L}=\begin{vmatrix}1 & 2\\ 3 & 4\end{vmatrix}$,　　(2) $\boldsymbol{M}=\begin{vmatrix}1 & -1 & 0\\ 0 & 2 & -2\\ -3 & 0 & 3\end{vmatrix}$,　　(3) $\boldsymbol{N}=\begin{vmatrix}1 & 2 & 3\\ 4 & 5 & 6\\ 7 & 8 & 9\end{vmatrix}$

問 11.2　3行3列の行列式の計算方法を当てはめることにより，(11.4) 式が成立することを確認せよ．

問 11.3　以下のベクトル関数の xy 平面での様子を図示し，また，回転を計算せよ．

(1) $\boldsymbol{A}=(x,\ y,\ 0)$

(2) $\boldsymbol{B}=(y,\ 0,\ 0)$

(3) $\boldsymbol{C}=(-y,\ x,\ 0)$

問 11.4　ベクトル関数 $\boldsymbol{D}=(x^2-y^2,\ xy^2,\ z)$ の回転を計算せよ．

11.B　ストークスの定理

証明は省略しますが，**ストークスの定理**によれば，ベクトル関数 $\boldsymbol{A}$ に対して，

$$\int_S \mathrm{rot}\boldsymbol{A}\cdot d\boldsymbol{S}=\int_C \boldsymbol{A}\cdot d\boldsymbol{s} \tag{11.5}$$

が成立します．ここで，C は任意の閉曲線（閉曲線を回る方向は内側を左手に見るようにとる），S は閉曲線 C で囲まれた曲面，$d\boldsymbol{S}$ は曲面 S 上の面要素ベクトル（面積は dS で，方向は曲面 S に垂直で閉曲線 C を回る方向に右ネジを回したときに右ネジの進む方向），$d\boldsymbol{s}$ は閉曲線 C 上の微小変位ベクトルです．

ストークスの定理は，あるベクトル関数を任意の閉曲線に沿って線積分した値は，その閉曲線で囲まれた曲面においてベクトル関数の回転を面積分した値に等しくなることを表しており，線積分と面積分を関係づけています．

11.1　アンペールの法則（微分形）

ストークスの定理を用いると，第10講で学んだアンペールの法則（積分形）

$$\int_C \boldsymbol{H}\cdot d\boldsymbol{s}=\int_S \boldsymbol{i}\cdot\boldsymbol{n}dS \tag{10.1 再掲}$$

は，

$$\mathrm{rot}\,\boldsymbol{H}=\boldsymbol{i} \tag{11.6}$$

となります．これは，**アンペールの法則（微分形）**と呼ばれます．

▌例題 11.1▌ アンペールの法則（積分形）から，ストークスの定理を用いてアンペールの法則（微分形）を導いてみましょう．

ストークスの定理を用いると，アンペールの法則（積分形）の左辺は，

$$\int_C \boldsymbol{H}\cdot d\boldsymbol{s}=\int_S \mathrm{rot}\boldsymbol{H}\cdot d\boldsymbol{S}=\int_S \mathrm{rot}\boldsymbol{H}\cdot\boldsymbol{n}dS \tag{11.7}$$

となります．ここで，$\boldsymbol{n}dS=d\boldsymbol{S}$ を用いています．

したがって，(11.7) 式を (10.1) 式のアンペールの法則（積分形）に代入しますと

$$\int_S \mathrm{rot}\boldsymbol{H}\cdot\boldsymbol{n}d\mathrm{S}=\int_S \boldsymbol{i}\cdot\boldsymbol{n}dS \tag{11.8}$$

となり，自由に設定できる曲面 S に対する面積分の結果が同じであれば，積分の中身同士は等しいはずですから，

$$\mathrm{rot}\boldsymbol{H}=\boldsymbol{i} \tag{11.6 再掲}$$

となります．

11.C　外　　積

11.2節で学ぶビオ-サバールの法則の準備として，ベクトルの**外積**について説明します．

ベクトルの外積は，2つのベクトルから1つのベクトルを対応づける演算であり，$\boldsymbol{A}=(A_x, A_y, A_z)$，$\boldsymbol{B}=(B_x, B_y, B_z)$ とするとき，外積 $\boldsymbol{A}\times\boldsymbol{B}$ は，

$$\boldsymbol{A}\times\boldsymbol{B}=(A_yB_z-A_zB_y,\ A_zB_x-A_xB_z,\ A_xB_y-A_yB_x) \tag{11.9}$$

で計算されます．回転の場合と同様に，3行3列の行列式の計算方法を借りて，

$$\boldsymbol{A}\times\boldsymbol{B}=\begin{vmatrix}\boldsymbol{i} & \boldsymbol{j} & \boldsymbol{k}\\ A_x & A_y & A_z\\ B_x & B_y & B_z\end{vmatrix} \tag{11.10}$$

とも表現されます．

図11.1のように，2つのベクトル $\boldsymbol{A}$ と $\boldsymbol{B}$ がなす角を θ とすると，外積 $\boldsymbol{A}\times\boldsymbol{B}$

の大きさは$|\boldsymbol{A}||\boldsymbol{B}|\sin\theta$，外積$\boldsymbol{A}\times\boldsymbol{B}$の方向は$\boldsymbol{A}$と$\boldsymbol{B}$のつくる平面に垂直で，$\boldsymbol{A}$から$\boldsymbol{B}$に右ネジを回したときに進む向きとなります．

2つのベクトルの内積とは異なり，外積では交換法則は成立しません．すなわち，

$$\boldsymbol{B}\times\boldsymbol{A}=-\boldsymbol{A}\times\boldsymbol{B} \quad (11.11)$$

となります．

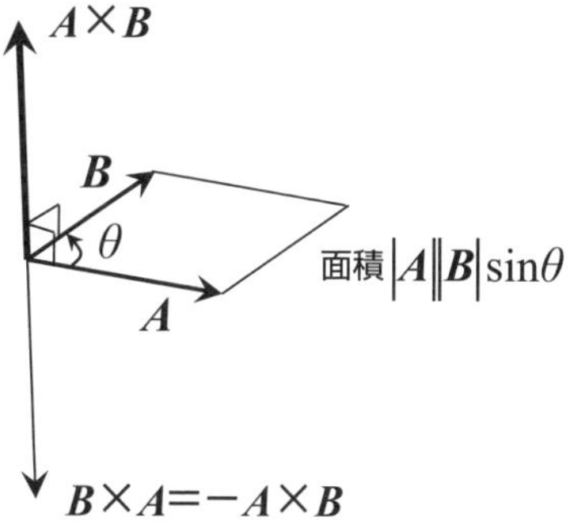

図11.1 2つのベクトルの外積

問 11.5 3行3列の行列式の計算方法を当てはめて，(11.9) 式が成立することを確認せよ．

問 11.6 (11.10) 式を用いて外積の成分を計算することにより，$\boldsymbol{B}\times\boldsymbol{A}=-\boldsymbol{A}\times\boldsymbol{B}$を確認せよ．

問 11.7 2つのベクトル$\boldsymbol{A}$，$\boldsymbol{B}$が以下の場合に，外積$\boldsymbol{A}\times\boldsymbol{B}$を計算せよ．

(1) $\boldsymbol{A}=(1,\ 0,\ 0)$, $\boldsymbol{B}=(0,\ 1,\ 0)$

(2) $\boldsymbol{A}=(1,\ 0,\ 1)$, $\boldsymbol{B}=(1,\ 1,\ 0)$

(3) $\boldsymbol{A}=(2,\ -1,\ 1)$, $\boldsymbol{B}=(1,\ 1,\ 0)$

11.2 ビオ-サバールの法則

微小電流要素ベクトルがつくる磁界は，ビオ-サバールの法則によって記述されます．いま，微小電流要素ベクトル$I d\boldsymbol{s}$が図11.2のようにあるとします．このとき，微小電流要素ベクトルを原点として位置$\boldsymbol{r}$の磁界$d\boldsymbol{H}$は，

$$d\boldsymbol{H}=\frac{1}{4\pi}\cdot\frac{I d\boldsymbol{s}\times\boldsymbol{r}}{|\boldsymbol{r}|^3} \quad (11.12)$$

で与えられます．

▌例題 11.2▐ 直線状の電流Iの周りの磁界： 例題11.1では，直線状の電流Iの周りの磁界$\boldsymbol{H}$を，アンペールの法則（積分形）を用いて求めましたね．結果は，磁界$\boldsymbol{H}$の方向は，直線状電流に垂直な平面内で，直線状電流と平面が交差

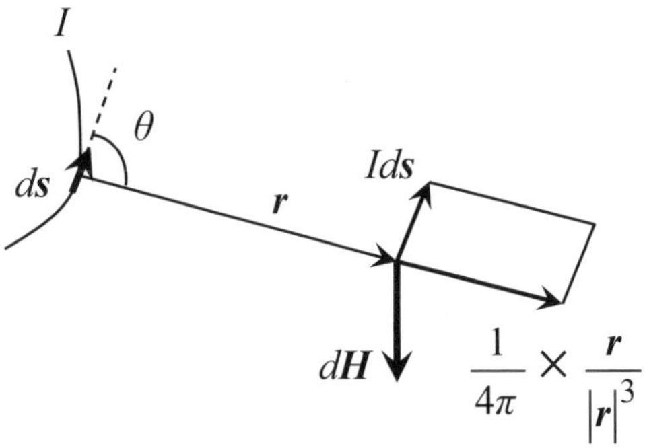

図11.2　ビオ-サバールの法則

する点を中心とした円を反時計回りに回るときの接線方向で，磁界 $\boldsymbol{H}$ の大きさ H は，円の中心から R 離れた位置では，

$$H=\frac{I}{2\pi R} \qquad (10.6\text{ 再掲})$$

となりましたね．これをビオ-サバールの法則を用いて求めてみましょう．

答　直線状の電流 I の周りの磁界を求めるために，図11.3のように，原点をO，原点Oから z だけ離れた位置Pの微小電流要素ベクトルを $Id\boldsymbol{z}$，原点Oを含んで直線状電流に垂直な平面内で原点Oから R だけ離れた位置Qにつくる磁界を $d\boldsymbol{H}$ とします．また，PQベクトルを $\boldsymbol{r}$ とし，ベクトル $d\boldsymbol{z}$ とPQベクトル $\boldsymbol{r}$ のなす角を θ としましょう．このとき，

$$|\boldsymbol{r}|=\sqrt{R^2+z^2} \qquad (11.13)$$

$$\sin\theta=\frac{R}{\sqrt{R^2+z^2}} \qquad (11.14)$$

となっていますね．

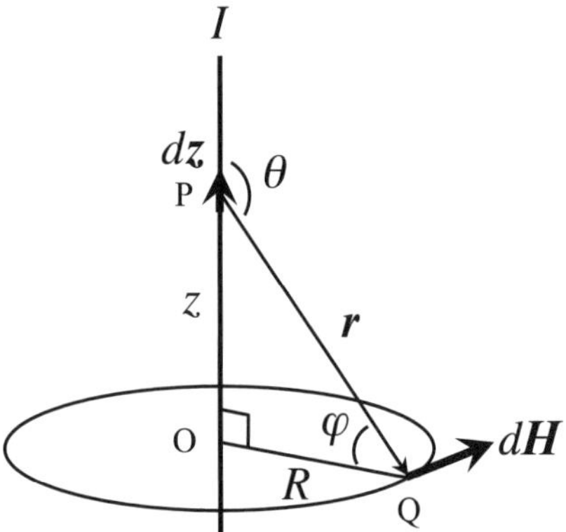

図11.3　直線状の電流の周りの磁界

磁界 $d\boldsymbol{H}$ の大きさ dH は，ビオ-サバールの法則より，

$$dH=\frac{1}{4\pi}\cdot\frac{|Id\boldsymbol{z}|\cdot\sqrt{R^2+z^2}\cdot\sin\theta}{(\sqrt{R^2+z^2})^3}=\frac{1}{4\pi}\cdot\frac{Idz\cdot R}{(\sqrt{R^2+z^2})^3} \tag{11.15}$$

となります．

したがって，直線状の電流全体が位置Qにつくる磁界 $\boldsymbol{H}$ の大きさ H は，dH を直線全体にわたって積分して，

$$H=\int_{-\infty}^{\infty}\frac{1}{4\pi}\cdot\frac{IR}{(\sqrt{R^2+z^2})^3}dz=\frac{IR}{4\pi}\int_{-\infty}^{\infty}\frac{1}{(\sqrt{R^2+z^2})^3}dz \tag{11.16}$$

で求まります．後で説明しますが，

$$\int_{-\infty}^{\infty}\frac{1}{(\sqrt{R^2+z^2})^3}dz=\frac{2}{R^2} \tag{11.17}$$

となりますので，結局，

$$H=\frac{I}{2\pi R} \tag{11.18}$$

となります．

ところで，(11.17) 式の左辺の積分ですが，$z=R\tan\varphi$ とおくと，

$$R^2+z^2=R^2(1+\tan^2\varphi)=R^2\frac{1}{\cos^2\varphi} \tag{11.19}$$

であり，

$$dz=R\left\{\frac{d}{d\varphi}\left(\frac{\sin\varphi}{\cos\varphi}\right)\right\}d\varphi=\frac{R}{\cos^2\varphi}d\varphi \tag{11.20}$$

で，$z\to\infty$ で $\varphi\to\frac{\pi}{2}$ ですから，

$$\int_{-\infty}^{\infty}\frac{1}{(\sqrt{R^2+z^2})^3}dz=2\int_{0}^{\infty}\frac{1}{(\sqrt{R^2+z^2})^3}dz=2\int_{0}^{\frac{\pi}{2}}\frac{1}{\left(\sqrt{R^2\frac{1}{\cos^2\varphi}}\right)^3}\cdot\frac{R}{\cos^2\varphi}d\varphi$$

$$=2\int_{0}^{\frac{\pi}{2}}\frac{1}{R^2}\cos\varphi d\varphi=2\left[\frac{1}{R^2}\sin\varphi\right]_{0}^{\frac{\pi}{2}}=\frac{2}{R^2} \tag{11.21}$$

となります．

なお，ビオ-サバールの法則の応用については，第12講でもう少し扱います．

問 11.8 以下の定積分を計算せよ．

(1) $\displaystyle\int_{-R}^{R}\frac{1}{(\sqrt{R^2+z^2})^3}dz,$ (2) $\displaystyle\int_{-R}^{\sqrt{3}R}\frac{1}{(\sqrt{R^2+z^2})^3}dz$

練習問題

11.1　xyz 座標系において，z 軸からの位置ベクトルを $\boldsymbol{p}$ で表すとする．たとえば，位置 $\boldsymbol{r}=(x,\ y,\ z)$ では $\boldsymbol{p}=(x,\ y,\ 0)$ となる．位置 $\boldsymbol{r}$ での電流による磁界 $\boldsymbol{H}(\boldsymbol{r})$ が以下の式で与えられるとき，電流密度ベクトルを求めよ．

$$\boldsymbol{H}(\boldsymbol{r})=\frac{I}{2\pi|\boldsymbol{p}|^2}(-y, x, 0) \qquad (0<|\boldsymbol{p}|)$$

11.2　図 11.4 のように長さが $2R$ の線分に電流 I が流れているとする．（非現実な設定であるが，問題の単純化のためにそう設定している．）線分の中点 O を含んで線分に垂直な平面内で O から R だけ離れた点 Q での磁界の大きさ H を求めよ．

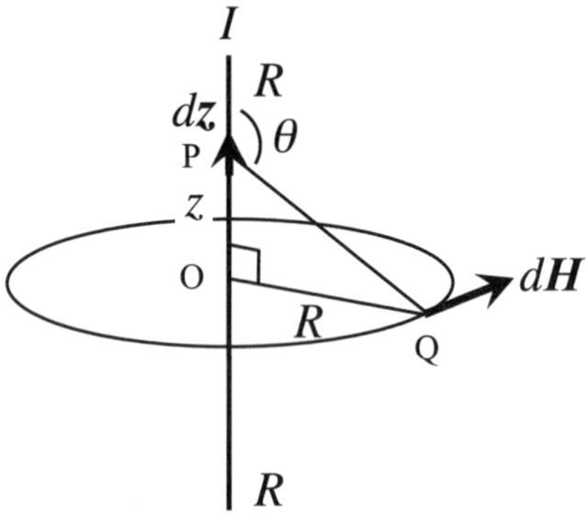

図 11.4　電流 I が流れる長さが $2R$ の線分

第 **12** 講

ビオ-サバールの法則の適用

ビオ-サバールの法則は，電流が流れているとき，その微小な長さ部分（電流要素ベクトル）が空間内のある点につくる微小磁界 $d\boldsymbol{H}$ を表しています．電流は空間内を流れていますので，電流全体がつくる磁界 $\boldsymbol{H}$ を求めるには，すべての電流要素ベクトルがつくる微小磁界 $d\boldsymbol{H}$ の総和（ベクトル和）を求める必要があります．この総和を求めることが，細い導線を流れる電流がつくる磁界の場合にはベクトル関数の線積分になることを確認しておきましょう．なお，第6講ではスカラー関数の線積分としての電位が出てきましたね．

いま，図 12.1 のように，細い導線を電流（大きさ I ）が流れているとします．導線を n 個の微小な長さに区切り，i 番目の区切りの長さを ds_i としましょう．導線のような通路は空間内で方向を持っていますから，導線の微小長さ区切りをベクトル $d\boldsymbol{s}_i$ と表すことができます．このとき，番目の微小長さ区切り $d\boldsymbol{s}_i$ を流れる電流（電流要素ベクトル $Id\boldsymbol{s}_i$ ）が，空間内の点 P につくる磁界 $d\boldsymbol{H}_i$ はビオ-サバールの法則で与えられます．

したがって，導線を流れる電流が点 P につくる磁界 $\boldsymbol{H}$ は，すべての $d\boldsymbol{H}_i$ のベクトル和として，$\boldsymbol{H}=\sum_{i=1}^{n} d\boldsymbol{H}_i$ と表すことができます．ここで，$n\to\infty$ としますと，磁界 $\boldsymbol{H}$ は $d\boldsymbol{H}_i$ の導線 C に沿った線積分として表現されます．すなわち，

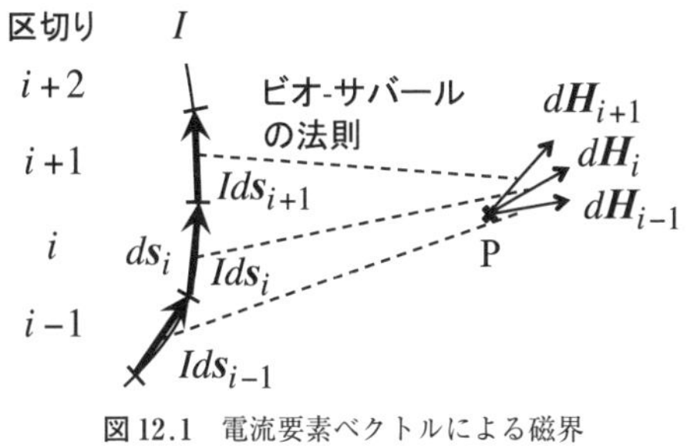

図 12.1　電流要素ベクトルによる磁界

$\boldsymbol{H}=\int_C d\boldsymbol{H}$ となります．

以上のことから，ビオ-サバールの法則を用いて，たとえば直線状導線を流れる電流が空間内のある点につくる磁界を求めるには，直線状導線を z 軸などに一致させて，直線状導線上の位置を座標として表し，位置 z での電流の微小長さ部分（微小電流要素ベクトル：大きさ idz）がある点につくる磁界をビオ-サバールの法則により表現して，z 方向に線積分すればよいこととなります．

12.1 ビオ-サバールの法則のまとめ

第11講で説明しましたように，ビオ-サバールの法則によれば，図11.2のように，微小電流要素ベクトル $I d\boldsymbol{s}$ を原点としたときの位置 $\boldsymbol{r}$ に微小電流要素ベクトル $I d\boldsymbol{s}$ がつくる磁界 $d\boldsymbol{H}$ は，

$$d\boldsymbol{H}=\frac{1}{4\pi}\cdot\frac{I d\boldsymbol{s}\times\boldsymbol{r}}{|\boldsymbol{r}|^3} \tag{11.12 再掲}$$

で与えられます．

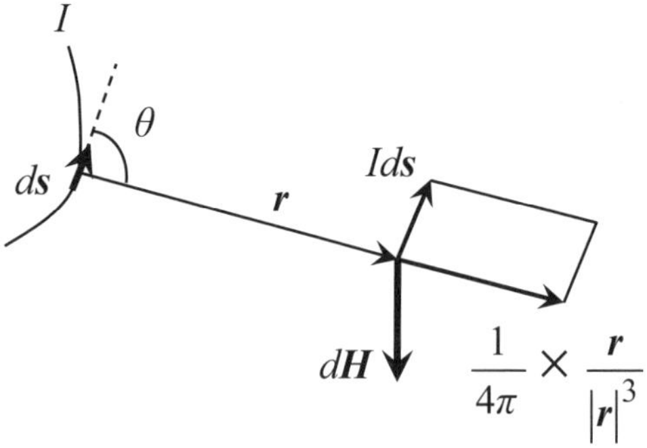

図11.2（再掲） ビオ-サバールの法則

12.2 ビオ-サバールの法則による磁界の導出

ビオ-サバールの法則を適用して，定常電流がつくる磁界をいくつかの場合について求めてみましょう．

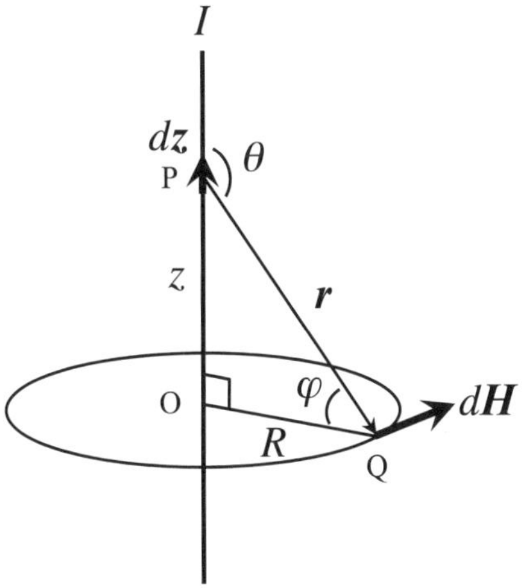

図 11.3（再掲）　直線状の電流の周りの磁界

▌例題 12.1▌ 直線状の電流 I の周りの磁界：　この例題は第 11 講の例題 11.2 と同じですので，計算手順の概要と結果だけ再掲しておきます．

答　磁界 $d\boldsymbol{H}$ の大きさ dH は，ビオ-サバールの法則より，

$$dH=\frac{1}{4\pi}\cdot\frac{|Id\boldsymbol{z}|\cdot\sqrt{R^2+z^2}\cdot\sin\theta}{(\sqrt{R^2+z^2})^3}=\frac{1}{4\pi}\cdot\frac{Idz\cdot R}{(\sqrt{R^2+z^2})^3} \quad (11.15 \text{ 再掲})$$

となります．

したがって，直線状の電流全体が位置 Q につくる磁界 $\boldsymbol{H}$ の大きさ H は，dH を直線全体にわたって積分して，

$$H=\int_{-\infty}^{\infty}\frac{1}{4\pi}\cdot\frac{IR}{(\sqrt{R^2+z^2})^3}dz=\frac{IR}{4\pi}\int_{-\infty}^{\infty}\frac{1}{(\sqrt{R^2+z^2})^3}dz=\frac{I}{2\pi R} \quad (12.1)$$

で求まります．

▌例題 12.2▌ 円電流の中心での磁界：　円形に流れる電流（円電流）の中心での磁界を求めてみましょう．図 12.2 のように円電流 I が流れているとします．

答　円電流上の点 P の微小電流要素ベクトル $I d\boldsymbol{s}$ がつくる磁界は，右ネジの法則より点 P を中心とした円形になります．円電流の中心 O では，微小電流要素ベクトル $I d\boldsymbol{s}$ がつくる磁界は図の小さいほうの円（横向きの円）の接線方向で

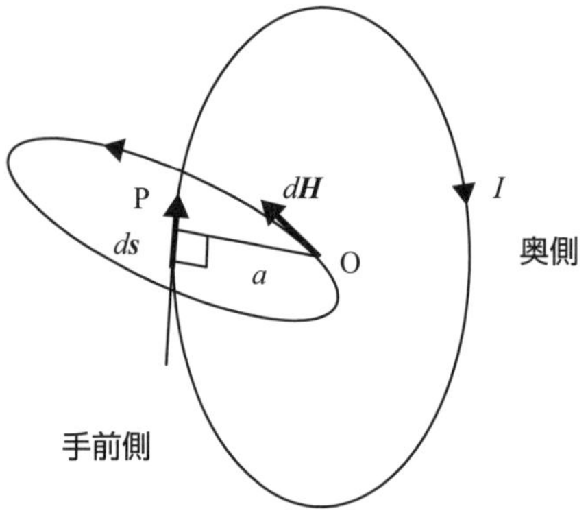

図 12.2　円電流の中心での磁界

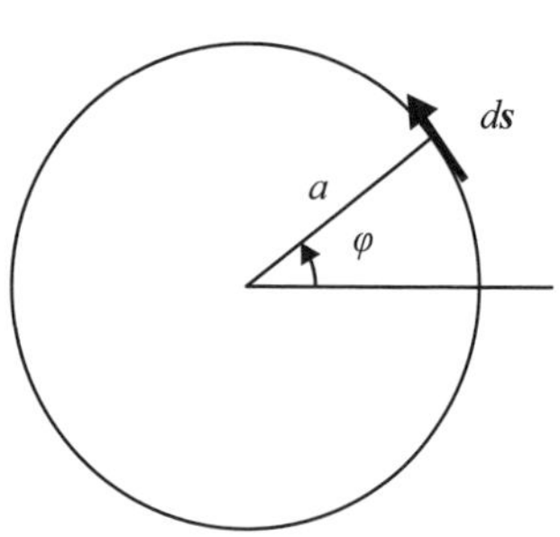

図 12.3　円電流の微小長さベクトル

あり，円電流の面を右側から左側に垂直に貫く向きとなっています．また，微小電流要素ベクトル $I\boldsymbol{ds}$ は円電流の接線方向ですから，円電流の半径ベクトル OP と直交しています．

これらのことを踏まえてビオ-サバールの法則を適用しますと，微小電流要素ベクトル $I\boldsymbol{ds}$ がつくる磁界 $d\boldsymbol{H}$ の大きさ dH は，

$$dH=\frac{1}{4\pi}\cdot\frac{|I\boldsymbol{ds}|\cdot a\cdot\sin\dfrac{\pi}{2}}{a^3}=\frac{1}{4\pi}\cdot\frac{Ids}{a^2} \tag{12.2}$$

となります．

円電流上の微小電流要素ベクトルが点 O につくる磁界は，微小電流要素ベクトルが円電流上のどこにあっても，円電流の面を右側から左側に垂直に貫く向きとなっていますので，円電流のつくる磁界 $\boldsymbol{H}$ の方向は円電流の面を右側から左側に垂直に貫く向きで，磁界の大きさ H は，dH を円電流がつくる円 C の周に沿って積分すれば求まりますので，

$$H=\int_C dH=\int_C\frac{1}{4\pi}\cdot\frac{Ids}{a^2} \tag{12.3}$$

で計算されます．ここで，円電流を左側から見て，図 12.3 のように φ をとりますと，円電流の微小長さベクトル $\boldsymbol{ds}$ の長さ ds は，

$$ds=ad\varphi \tag{12.4}$$

となります．

結局，磁界の大きさ H は，

$$H=\int_C\frac{1}{4\pi}\cdot\frac{Ids}{a^2}=\int_0^{2\pi}\frac{1}{4\pi}\cdot\frac{Iad\varphi}{a^2}=\int_0^{2\pi}\frac{1}{4\pi}\cdot\frac{I}{a}d\varphi=\left[\frac{I}{4\pi a}\varphi\right]_0^{2\pi}$$

$$=\frac{I}{2a} \tag{12.5}$$

となります．

問 12.1　図 12.2 において，奥側の微小電流要素ベクトルが点 O につくる磁界を描け．

▌例題 12.3▐　円電流の中心軸での磁界：　例題 12.2 では円電流の中心での磁界を求めましたが，ここでは中心軸での磁界を求めてみましょう．

答　図 12.4 のように，点 P での微小電流要素ベクトル $\boldsymbol{ds}$ が中心軸上の点 Q に磁界 $\boldsymbol{dH}$ をつくります．ここで，図のように，円電流の中心を O として，OQ $=z$，∠ OQP$=\theta$ とすると，

$$\sin\theta=\frac{a}{\sqrt{z^2+a^2}} \tag{12.6}$$

となります．

さて，微小電流ベクトルを円電流のさまざまな場所に置いて，それがつくる磁界 $\boldsymbol{dH}$ を中心軸方向の成分と中心軸に垂直な面の成分に分解して考えますと，中

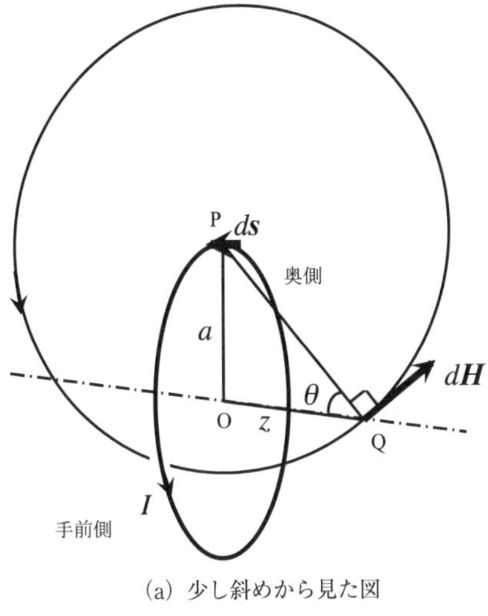

(a) 少し斜めから見た図

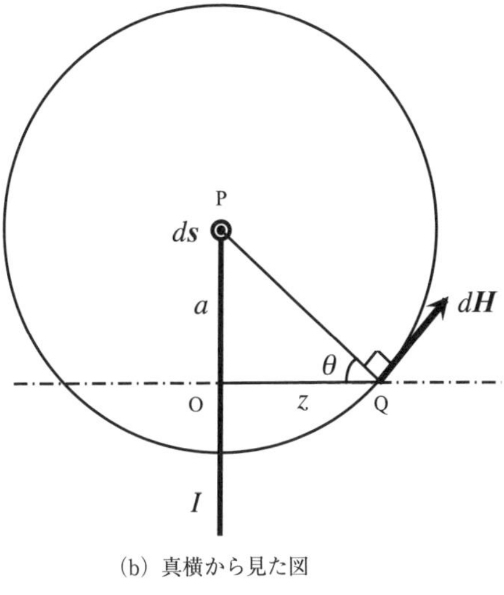

(b) 真横から見た図

図 12.4　円電流の中心での磁界

心軸に垂直な面の成分は円電流の中心Oと対称な微小電流ベクトル同士で打ち消し合いますから0となります.

したがって, 円電流がつくる磁界 $\boldsymbol{H}$ の大きさ H は, 微小電流ベクトルがつくる磁界 $d\boldsymbol{H}$ の中心軸方向の成分の総和（積分）したものとなります. 磁界 $d\boldsymbol{H}$ の大きさ dH は,

$$dH=\frac{1}{4\pi}\cdot\frac{|Id\boldsymbol{s}|\cdot\sqrt{z^2+a^2}\cdot\sin\frac{\pi}{2}}{(z^2+a^2)^{\frac{3}{2}}}=\frac{1}{4\pi}\cdot\frac{Ids}{(z^2+a^2)} \tag{12.7}$$

ですから, 中心軸方向の成分の大きさ dH_z は,

$$dH_z=dH\cos\left(\pi-\frac{\pi}{2}-\theta\right)=dH\sin\theta=\frac{1}{4\pi}\cdot\frac{Iads}{(z^2+a^2)^{\frac{3}{2}}} \tag{12.8}$$

となります.

例題12.2と同様に, 円電流を左側から見て, 図12.3のように φ をとりますと, 円電流の微小長さベクトル $d\boldsymbol{s}$ の長さ ds は,

$$ds=ad\varphi \qquad \text{(12.4 再掲)}$$

ですから, 結局, 磁界の大きさ H は, dH を円電流がつくる円Cの周に沿って積分して,

$$H=\int_C\frac{1}{4\pi}\cdot\frac{Iads}{(z^2+a^2)^{\frac{3}{2}}}=\int_0^{2\pi}\frac{1}{4\pi}\cdot\frac{Ia^2d\varphi}{(z^2+a^2)^{\frac{3}{2}}}=\left[\frac{Ia^2}{4\pi(z^2+a^2)^{\frac{3}{2}}}\varphi\right]_0^{2\pi}$$

$$=\frac{Ia^2}{2(z^2+a^2)^{\frac{3}{2}}} \tag{12.9}$$

となります.

問 12.2 図12.4（b）において, 下側の微小電流要素ベクトルに対する磁界を描け.

練習問題

12.1 xyz 直交座標系において, z 軸に沿って電流 I が流れている. 点P：$(0, a, 0)$ での磁界に関して, 以下の問いに答えよ.

(1) 座標 $(0, 0, z)$ にある長さ dz の微小電流ベクトルが, 点Pにつくる磁界を求めよ.

(2) 電流 I のうちの座標 $(0, 0, -\sqrt{3}a)$ から $(0, 0, a)$ までの部分が, 点Pにつくる磁界を求めよ.

12.2 半径 a の円形コイルが 2 個，中心軸を共通にして間隔 $2d$ で平行に配置されている．どちらのコイルにも同じ方向で同じ大きさの電流 I が流れているとき，中心軸上の中点 O から x だけ離れた中心軸上での磁界を求めよ．

12.3 2 辺の長さがそれぞれ $2a$, $2b$ の長方形の単巻コイルがある．このコイルに電流 I を流すとき，長方形の対角線の交点の位置での単巻コイルがつくる磁界を求めよ．

12.4 図 12.5 のように，半径 a の半円形導線とその中心 O に向かう 2 本の半無限長の直線状導線からなる回路がある．この回路に電流 I が流れているとき，中心 O での磁界を求めよ．

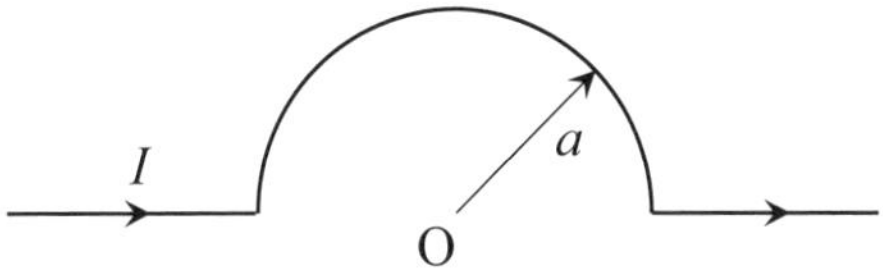

図 12.5 半円形導線

12.5 1 辺の長さが a の正三角形の 1 回巻きコイルに電流 I が流れている．以下の問いに答えよ．

(1) コイルの中心の磁界の大きさを求めよ．

(2) コイルの中心軸上にあって中心から d だけ離れた点での磁界の大きさを求めよ．

第 13 講

電流が磁界から受ける力

電荷を持った粒子（荷電粒子：電子やイオン化した原子など）が電界により力を受けることは，第3講で学びました．電荷 q の荷電粒子が電界 $\boldsymbol{E}$ から受ける力 $\boldsymbol{F}_e$ は，$q\boldsymbol{E}$ でしたね．また，本講で学びますように，荷電粒子の流れである電流は磁界から力を受けます．有名なフレミングの左手の法則は，電流と磁界が直交している場合に，電流が磁界から受ける力の方向を示すものです．詳しくは後述しますが，磁界 $\boldsymbol{H}$ が働く空間において，速度 $\boldsymbol{v}$ で運動する電荷 q の荷電粒子が磁界から受ける力は，$\boldsymbol{F}_m = q\boldsymbol{v} \times (\mu\boldsymbol{H}) = q\boldsymbol{v} \times \boldsymbol{B}$ で与えられます．ここで，μ は透磁率と呼ばれる物質に固有の定数で，$\boldsymbol{B}$ は磁束密度です．一般には速度 $\boldsymbol{v}$ と磁束密度 $\boldsymbol{B}$ は直交していませんので，荷電粒子が磁界から受ける力は外積で計算されますが，直交している場合にはスカラー積で計算でき，高等学校の物理で学んだように，$F_m = qvB$ となることは容易に導けるでしょう．ここで，$v = |\boldsymbol{v}|$（荷電粒子の速さ），$B = |\boldsymbol{B}|$（磁束密度の大きさ）です．以上から，電界と磁界が働く空間内を運動する荷電粒子には，電界と磁界の両者から力（$\boldsymbol{F}_e + \boldsymbol{F}_m$）を受けることとなります．この力は**ローレンツ力**と呼ばれています．

ローレンツ力は，素粒子研究などにおいて素粒子を加速する**加速器**や，粒子を特定するための**質量分析器**の動作原理として応用されています．ここでは，質量分析器の動作原理の概要を紹介しましょう．

質量分析器においては，一様な磁界（磁束密度 $\boldsymbol{B} = \mu\boldsymbol{H}$）空間にある場合には，荷電粒子は等速円運動を行うことを応用します．等速円運動を行うことは，本講で説明しますように，荷電粒子に対する運動方程式を立てることで容易にわかります．質量分析器は一般的には，試料導入部，イオン源，分析部，イオン検出部，および，データ処理部から構成されています．まず，試料導入部から測定したい物質を装置内に導入し，イオン源において物質に電荷を与えてイオン化します．分析部では，電圧 V による電界のみをかけることによって加速し，その後，電界をかけずに一様な磁界だけをかけます．イオン化されて加速された物質は磁界中では等速円運動によって進行方向が変化しますが，円運動の半径 r はイオン化された物質の質量 m と物質に与えた電荷 q の比によって，

$$r = \frac{\sqrt{2V(m/q)}}{|\boldsymbol{B}|}$$

で与えられます．すなわち，ある場所に設置したイオン検出部には同じ m/q の物質のみが到達することになります．したがって，イオン化するときに与えた電荷 q が既知である場合には，磁束密度 $\boldsymbol{B}$ の大きさを調節し，円運動の半径 r を求めることにより，物質の質量を計測することができます．分析結果は，データ処理部により質量電荷比を横軸とし検出強度を縦軸とするマススペクトル（MS）と呼ばれるグラフで表示されます．なお，マススペクトルは場合によっては複雑なグラフとなりますが，既知物質の同定や未知物質の構造決定において強力な手段となるため，有機化学や生化学の分野で重要なものとなっています．

13.1 電流が磁界から受ける力とフレミングの左手の法則

電流の周りには右ネジの法則にしたがって磁界が発生していることは，アンペールの法則やビオ-サバールの法則の講（第 11〜13 講）で学びました．発生した磁界は磁石に力を及ぼします．たとえば，ソレノイドに電流を流しますと，電流の方向により磁石に引力や斥力が働きます．作用・反作用の法則によれば，逆に磁石が電流に力を及ぼすはずですね．

電流が磁界から受ける力の方向は，フレミングの左手の法則により求められますね．これは，図 13.1 に示しますように，電流と磁界が直交している場合に，左手の中指を電流の方向に，人差し指を磁界の方向に向けるとき，親指が力の方向を表すという法則でしたね．

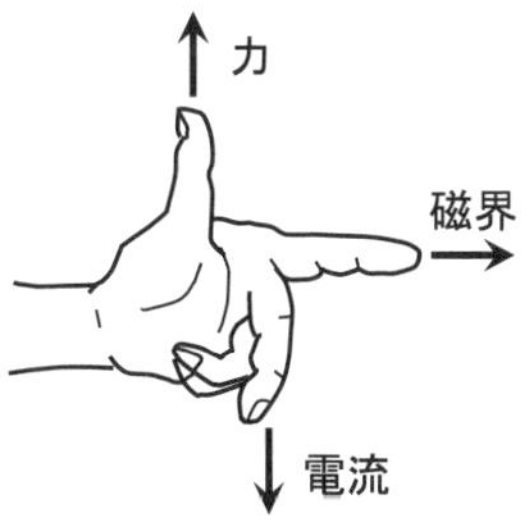

図 13.1 電流が磁界から受ける力

一般には，電流 $\boldsymbol{I}$ が流れているとき，磁界 $\boldsymbol{H}$ から受ける単位長さ当たりに働く力 $\boldsymbol{f}$ は，磁束密度 $\boldsymbol{B}$（$=\mu\boldsymbol{H}$，μ は物質の透磁率）を用いて，

$$\boldsymbol{f} = \boldsymbol{I} \times \boldsymbol{B} \tag{13.1}$$

で表されます．したがって，長さが l の電流に働く力 $\boldsymbol{F}$ は，

$$\boldsymbol{F}=l(\boldsymbol{I}\times\boldsymbol{B}) \tag{13.2}$$

となります．

▍例題 13.1▍ 平行な電線（平行に流れる電流）に働く力：　電流が流れる平行な電線は，一方の電線が他方の電線の場所に磁界を発生させていますので，お互いに力を及ぼしあっています．真空中の平行な電線に働く力を求めてみましょう．

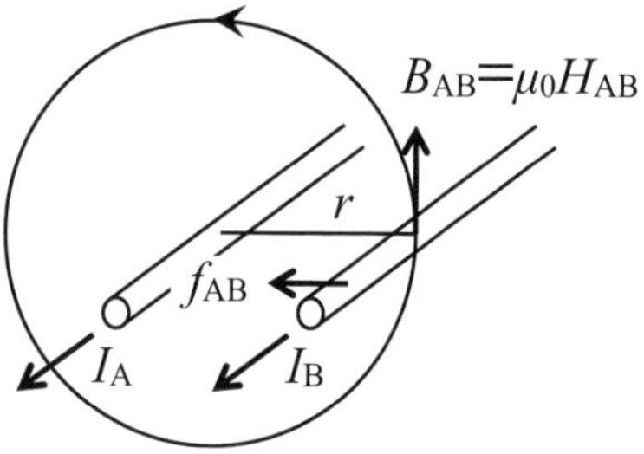

図 13.2　電流が磁界から受ける力

答　いま，図 13.2 のように，真空中にある間隔 r の平行な電線を，電流 I_A と I_B が同じ向きに流れているとします．このとき，電流 I_A によって図 13.2 に示す磁界が発生します．そして，電流 I_B が流れる電線の位置において，磁界の向きは上向きで，大きさ H_{AB} はアンペールの法則（積分形）から

$$H_{AB}=\frac{I_A}{2\pi r} \tag{13.3}$$

と求まります．したがって，この磁界の電流 I_B が流れる電線の位置での磁束密度 $\boldsymbol{B}_{AB}$ は上向きであり，その大きさ B_{AB} は，

$$B_{AB}=\mu_0\frac{I_A}{2\pi r} \tag{13.4}$$

となります．

この場合，電流と磁束密度は直交していますので，(13.1) 式より，電流 I_B が流れる電線には，図 13.2 のように電流 I_A が流れる電線に引き寄せられる向きに，単位長さ当たり

$$f_{AB}=I_B B_{AB}=\frac{\mu_0 I_A I_B}{2\pi r} \tag{13.5}$$

の大きさの力が働きます．作用・反作用の法則によれば，逆に電流 I_B により電流 I_A が流れる電線には，電流 I_B が流れる電線に引き寄せられる向きに，単位長さ当たり

$$f_{BA}=f_{AB}=\frac{\mu_0 I_A I_B}{2\pi r} \tag{13.6}$$

の大きさの力が働くことになります.

なお, (13.1) 式を用いて, 電流 I_B がつくる磁界によって電流 I_A が流れる電線に働く力を計算しますと, 電流 I_B が流れる電線に引き寄せられる向きに, 単位長さ当たり

$$f_{BA}=I_A B_{BA}=\frac{\mu_0 I_A I_B}{2\pi r} \tag{13.7}$$

の大きさの力が働くことになります. すなわち, 作用・反作用の法則により求めた力に一致した力が働いていることがわかります.

問 13.1 図 13.2 において, 以下の問いに答えよ.

(1) 電流 I_B がつくる磁界によって電流 I_A が流れる電線に働く力の方向を, フレミングの左手の法則により求めよ.

(2) 電流 I_B の向きが逆になると, 電流 I_A が流れる電線に働く力の方向はどうなるか.

(3) 電流 I_B がつくる磁界によって電流 I_A が流れる電線に働く単位長さ当たりの力の大きさを求めよ.

13.2 ローレンツ力

13.1 節で学びましたように, 電流は磁界から力を受けます. ところで, 電流は荷電粒子の流れですので, 荷電粒子は磁界から力を受けることになります. また, 空間に電界 $\boldsymbol{E}$ が存在する場合には, 電荷 q を持つ荷電粒子は電界 $\boldsymbol{E}$ からも $q\boldsymbol{E}$ の力を受けます. 結局, 磁界と電界が両方とも存在する空間では, 荷電粒子は磁界と電界の両方から力を受けることになります.

いま, 磁束密度 $\boldsymbol{B}$ の磁界と電界 $\boldsymbol{E}$ が存在する空間に, 電荷 q を持つ荷電粒子が単位体積当たりの数密度 n で存在し, 断面積 S の束になって速度 $\boldsymbol{v}$ で流れているとしましょう. すると, 荷電粒子の流れによる電流 $\boldsymbol{I}$ は

$$\boldsymbol{I}=(q\boldsymbol{v})Sn=nqS\boldsymbol{v} \tag{13.8}$$

となります.

したがって, 磁束密度 $\boldsymbol{B}$ の磁界が電流 $\boldsymbol{I}$ に及ぼす力 $\boldsymbol{F}_m$ は, (13.1) 式より,

$$\boldsymbol{F}_m=\boldsymbol{I}\times\boldsymbol{B}=nqS\boldsymbol{v}\times\boldsymbol{B} \tag{13.9}$$

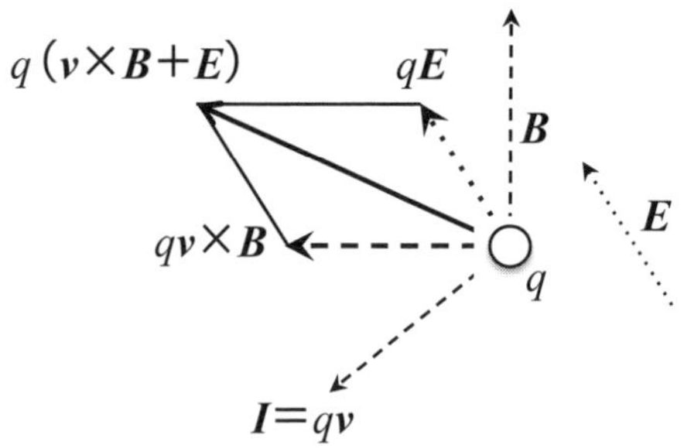

図 13.3　ローレンツ力

となります．単位長さ当たりに荷電粒子は nS 個存在しますので，荷電粒子 1 個当たりに働く力 $\boldsymbol{f}_m$ は，

$$\boldsymbol{f}_m=\frac{\boldsymbol{F}_m}{nS}=q\boldsymbol{v}\times\boldsymbol{B} \tag{13.10}$$

となります．

一方，電界 $\boldsymbol{E}$ が荷電粒子 1 個当たりに及ぼす力 $\boldsymbol{f}_e$ は，

$$\boldsymbol{f}_e=q\boldsymbol{E} \tag{13.11}$$

でしたね．

結局，荷電粒子 1 個当たりには，$\boldsymbol{f}_m$ と $\boldsymbol{f}_e$ の合力が働くこととなり，図 13.3 のように，

$$\boldsymbol{f}=\boldsymbol{f}_m+\boldsymbol{f}_e=q\boldsymbol{v}\times\boldsymbol{B}+q\boldsymbol{E}=q(\boldsymbol{v}\times\boldsymbol{B}+\boldsymbol{E}) \tag{13.12}$$

の力が働くこととなります．この力は**ローレンツ力**と呼ばれます．

13.3　ローレンツ力の応用

ローレンツ力は，各種の加速器や質量分析器で応用されています．

a.　加速器

たとえば，サイクロトロンと呼ばれる加速器があります．サイクロトロンでは，一様な磁界内では荷電粒子が等速円運動することを利用して，荷電粒子を加速します．その原理図を図 13.4 に示します．図のように，半円形の電極には一様な磁界がかけられており，左右の電極の間のギャップには高周波の交流電圧をかけます．図のように，左の電極からギャップに飛び出たマイナスの荷電粒子は右側の電極に至るまでに電圧によって加速されます．そして，右側の電極内では一様な磁界によるローレンツ力によって等速円運動を行い，右側の電極から左へ飛び出します．このとき，等速円運動の周期は荷電粒子の速さに関係なく一定となりますので，一定周波数の交流電圧を電極間にかけることにより，ギャップを荷電粒子が飛んでいる間に電界により加速することができます．

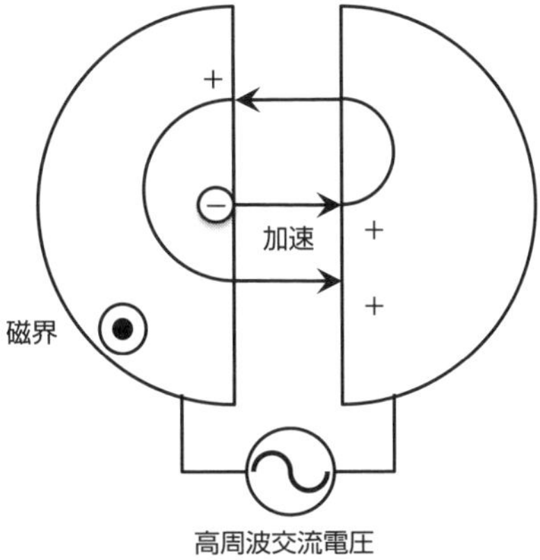

図 13.4　サイクロトロンの動作原理

それでは，サイクロトロンの電極内の荷電粒子が等速円運動となることを確認してみましょう．いま，z 方向で磁束密度 $\boldsymbol{B}$ の一様磁界があり，電界はないとします．その磁界中での，質量 m，電荷 q を持つ荷電粒子の運動を求めてみます．なお，重力加速度の影響は無視し，荷電粒子の初期速度は $\boldsymbol{v}_0=(v_0, 0, 0)$ とします．

荷電粒子の速度を $\boldsymbol{v}$ とすると，ローレンツ力より，荷電粒子が受ける力 $\boldsymbol{F}$ は $\boldsymbol{F}=q\boldsymbol{v}\times\boldsymbol{B}$ となりますので，荷電粒子の運動方程式は，

$$m\frac{d\boldsymbol{v}}{dt}=q\boldsymbol{v}\times\boldsymbol{B} \tag{13.13}$$

となります．磁束密度 $\boldsymbol{B}$ が z 方向であることを考慮して，x，y，z の各成分に分解して考えますと，

$$m\frac{dv_x}{dt}=q(\boldsymbol{v}\times\boldsymbol{B})_x \tag{13.14}$$

$$m\frac{dv_y}{dt}=q(\boldsymbol{v}\times\boldsymbol{B})_y \tag{13.15}$$

$$m\frac{dv_z}{dt}=q(\boldsymbol{v}\times\boldsymbol{B})_z=0 \tag{13.16}$$

となります．荷電粒子の初期速度の z 方向成分は 0 としていますので，z 方向には運動しないことがわかります．また，xy 平面内では，荷電粒子が受ける力の向きは速度 $\boldsymbol{v}$ と磁束密度 $\boldsymbol{B}$ の両方に垂直であることから，図 13.5 のような方向

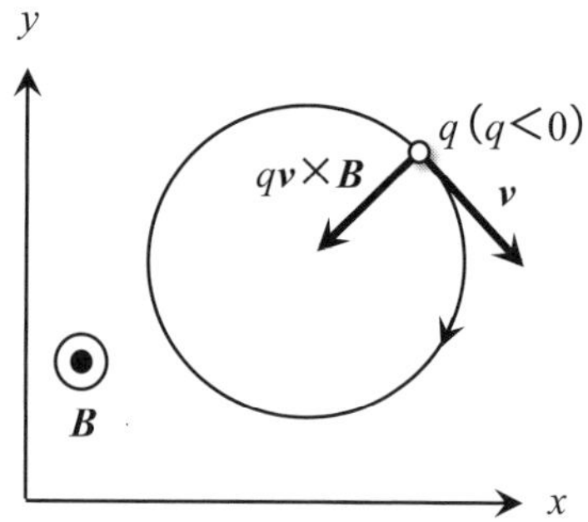

図 13.5 荷電粒子の xy 平面内での運動

となり，その大きさは常に qvB となります．このことから，荷電粒子は xy 平面内では等速円運動を行うことがわかります．そして，荷電粒子に働く力は遠心力とつり合っていますから，回転半径を r としますと，

$$qvB=\frac{mv^2}{r} \qquad (13.17)$$

が成り立ち，これから，

$$v=\frac{qBr}{m} \qquad (13.18)$$

となります．したがって，等速円運動の周期 T は，

$$T=\frac{2\pi r}{v}=\frac{2\pi m}{qB} \qquad (13.19)$$

となり，荷電粒子の速さに無関係に決まります．

問 13.2 荷電粒子を加速するための加速器にはさまざまなタイプが考えられている．以下の問いを通して，調査してみよ．

(1) 線形加速器とはどんな加速器か．

(2) シンクロトロンとはどんな加速器か．

(3) タンデム加速器とはどんな加速器か．

(4) 他のタイプの加速器を調査せよ．

b. 質量分析器

サイクロトロンの原理で説明しましたように，一様な磁界（磁束密度 $\boldsymbol{B}$）だけが空間にある場合には，荷電粒子は等速円運動を行いますので，これを利用して物質の質量を計測することができます．

質量分析器の原理図を図 13.6 に示します．まず，測定したい物質に電荷を与えてイオン化します．そして，電圧 V による電界をかけることによって加速します．その後，一様な磁界だけをかけると，イオン化された物質は等速円運動によって進行方向が変化しますが，その曲がり方はイオン化された物質の質量によって異なりますので，ある場所に設置した検出器には同じ質量のイオン化された物質のみが到達することになります．ここで，磁束密度 $\boldsymbol{B}$ の大きさを調節することにより，異なった質量のイオン化物質を検出できますので，異なる物質の質量を計測できます．

いま，電荷 q が与えられてイオン化された物質が，初速を 0 として加速されたとき，加速器を出る速さ v は，

$$\frac{1}{2}mv^2=qV \qquad (13.20)$$

から，

$$v=\sqrt{\frac{2qV}{m}} \qquad (13.21)$$

となります．

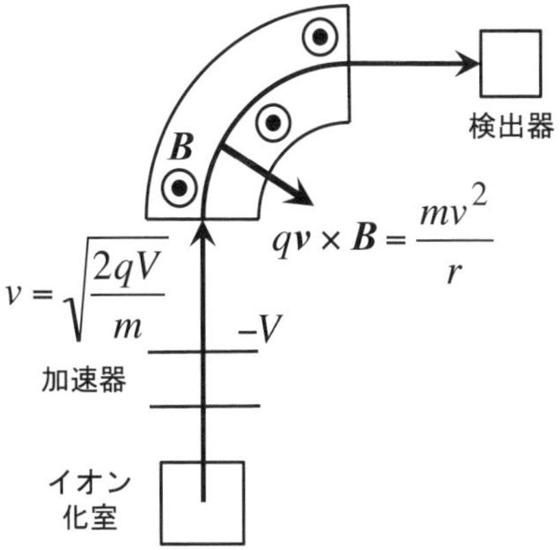

図 13.6　質量分析器の動作原理

本節のサイクロトロンのところで説明しましたように，一様な磁界中では荷電粒子は等速円運動をしますので，半径 r の軌道上に置いた検出器が検出するイオン化された物質の速さ v は（13.18）式で与えられます．したがって，

$$v=\sqrt{\frac{2qV}{m}}=\frac{qBr}{m} \qquad (13.22)$$

となり，

$$\frac{m}{q}=\frac{B^2r^2}{2V} \qquad (13.23)$$

となり，イオン化するときに与えた電荷 q が既知である場合には，物質の質量を求めることができます．

練 習 問 題

13.1　図 13.7 のように，無限長直線状導線と 1 辺の長さが a の正方形コイルとが，同一平面において間隔 d で置かれている．それぞれに I_1，I_2 の電流を流すとき，コイルに働く力の向きと大きさを求めよ．

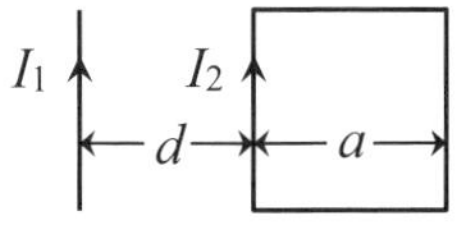

図 13.7　無限長直線状導線と正方形コイル

13.2　図 13.8 のように，4 本の無限長平行直線状導線 A_1 から A_4 を，1 辺が a の正方形の頂点に位置するように配置する．各導線に同じ方向で同じ電流 I を流す

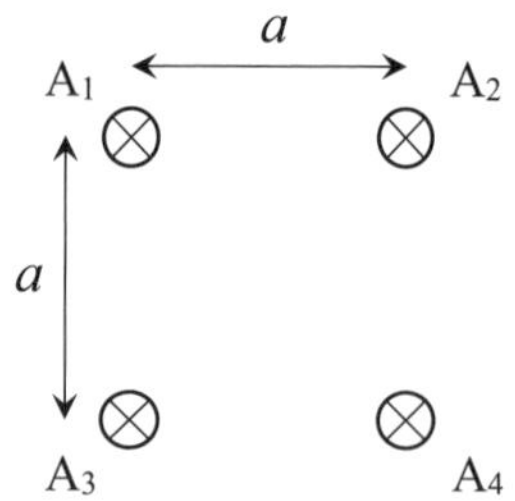

図13.8　無限長平行直線状導線

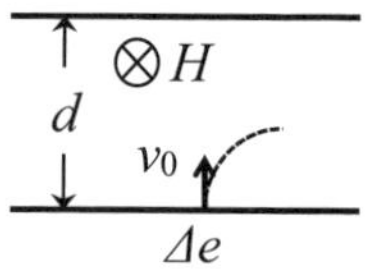

図13.9　平行板電極

とき，各導線に働く力（方向と大きさ）を求めよ．

13.3　薄く巻かれた半径 a の5回巻きの円形コイルに電流 I が流れている．コイルの中心に磁荷が Q_m（>0）の点磁極を置くとき，コイルが受ける力を求めよ．（注：現実にはNかSだけの点磁極を単独で置くことはできない．）

13.4　図13.9のように，真空中において間隔 d [m] で置かれた電圧がかけられていない平行板電極があり，紙面の表から裏に向かう方向に一様磁界 H [A/m] が加えられている．いま，図の下方の電極から垂直に初速度 v_0 [m/s] で上方の電極に向かって電子（質量 m [kg]）が飛び出すとする．以下の問いに答えよ．

(1)　電子が一様磁界から受ける力の大きさ f [N] はいくらか．

(2)　電子が対極に達しないために必要な条件を求めよ．

13.5　xyz 座標系において，$x>0$ の領域のみ z 軸方向に一定で一様な磁界（磁束密度の大きさ B）が加えられている．いま，質量 m の荷電粒子（電荷 $q>0$）が，原点から初速 $(v_0,\ v_0,\ 0)$ で $x>0$ の領域に入ったとする．$x>0$ の領域から出たときの速度と出るまでの時間を求めよ．

第 14 講

電 磁 誘 導

第 14 講では，閉回路を磁界中で動かすなどをした場合に，その閉回路に電流が流れる**電磁誘導**を学びます．電磁誘導は発電機の原理などとして世の中で広く応用されています．磁界中での運動では，ほかにも面白い現象があります．その 1 つの例として，以下の実験をしてみましょう．

▌実験 14.1▐ 四角いアルミ板でできた錘を持つ振り子をつくり，アルミ板の面に平行な面内で振動させ，その振幅の時間変化を観察してみましょう．なお，実験 14.2 との比較のため，最初の振幅はあまり大きくしないほうがよいでしょう．

たぶん，振幅は徐々に小さくなっていき，最終的には振動は止まったでしょう．

例 14.1 振り子の振動が小さくなっていく原因を考察してみてください．ヒントは，振り子の振幅が減少することは，錘が持っている運動エネルギーが減少していることと等価であることです．

それでは次に，以下の実験を行い，例 14.2 を考えてみてください．

▌実験 14.2▐ 四角いアルミ板でできた錘を持つ振り子を，U 字形の永久磁石の N 極と S 極の間をアルミ板が通るように振動させ，その振幅の時間変化を観察してみましょう．

実験 14.2 の場合には，磁石の磁極間をアルミ板が通るときに，アルミ板の表面には小さな渦状の電流（**渦電流**）が発生しています．詳しくは，14.4 節で学びます．

例 14.2 実験 14.1 と振り子の振幅の時間変化が異なる理由を考察してみてください．

実験からわかりましたように，運動する金属板を貫く磁界が変化しますと渦電流が発生して，運動を妨げる力が働きます．これをブレーキとして積極的に利用した場合には，電磁制動と呼ばれており，新幹線の一部の車両で応用されているそうです．このブレーキシステムは電磁石が車軸に取りつけられた金属板を挟み込む構造となっており，電磁石に電流を流すことで磁界を発生させてブレーキを効かせています．そのブレーキ効果は，車両の速さが遅くなると渦電流も減少するために，滑らかなものとなっています．

14.1 電磁誘導の法則（ファラデーの法則）

これまでは電界や磁界が時間的に変化しない，静電界や静磁界を扱ってきました．静磁界中の閉回路には，電池などの起電力を持つ素子や装置を含まない限り，電流は流れません．ところが，ファラデーは閉回路中の磁束密度 $\boldsymbol{B}$ が時間的に変化すると，閉回路に起電力が生じて電流が流れることを見出しました．この現象は**電磁誘導**と呼ばれ，発生する起電力は**（電磁）誘導起電力**と呼ばれます．その後，ノイマンは誘導起電力を求める式（**電磁誘導の法則（ファラデーの法則）**）を導きました．

電磁誘導の法則では，閉回路を貫く磁束 ϕ を，閉回路が囲む面Sに対して，

$$\phi=\int_S \boldsymbol{B}\cdot\boldsymbol{n}dS=\int_S \boldsymbol{B}\cdot d\boldsymbol{S} \tag{14.1}$$

とするとき，その時間変化により誘導起電力 V が

$$V=-\frac{d\phi}{dt} \tag{14.2}$$

で与えられます．ここで，磁束 ϕ の変化の原因は，磁界の時間変化でも閉回路自身の運動でも閉回路の変形でも何でもかまいません．なお，磁束の計算は，ガウスの法則（積分形）における電界の面積分 $\int_S \boldsymbol{E}\cdot d\boldsymbol{S}$ と同じように行います．

また，閉回路に発生する起電力の向きと磁束の変化の向きは，**レンツの法則**により関係づけられています．すなわち，誘導起電力によって流れる電流は磁束の変化を妨げる向きになります．たとえば，磁束の上向き成分が増加すると，閉回路には磁束の上向き成分が減少するように，図14.1に示す向きに電流が流れます．

問 14.1　図 14.1 の場合において，誘導起電力による電流がつくる磁界を図示し，それが上向きの磁束増加を妨げる向きとなっていることを確認せよ．

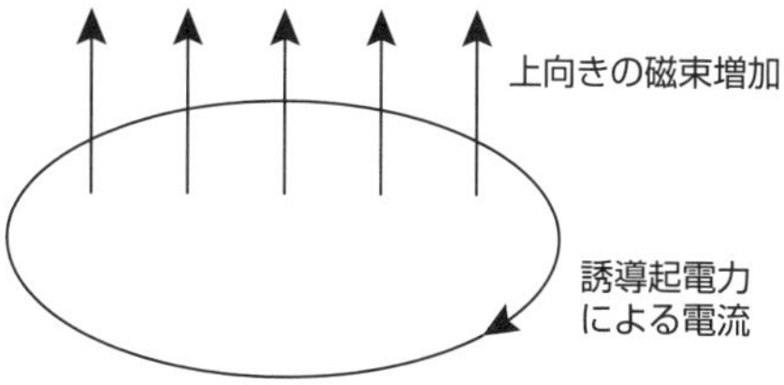

図 14.1　レンツの法則

問 14.2　以下のそれぞれの場合において，誘導起電力による電流の向きを，図を用いて説明せよ．

(1) 下向きの磁束増加の場合．

(2) 上向きの磁束減少の場合．

(3) 下向きの磁束減少の場合．

例題 14.1　コの字型導線に流れる電流：　図 14.2 のように，鉛直上向きで大きさが B の一様な磁界（磁束密度 $\boldsymbol{B}$）の中に，抵抗 R を含むコの字型の導線が水平に置かれている．図のように，導線 PQ がコの字型導線の平行な導線部分（間隔 a）を短絡している．導線 PQ を図の向きに一定速度 $\boldsymbol{v}$（大きさ $|\boldsymbol{v}|=v$）ですべらせたとき，抵抗 R に流れる電流を求めてみましょう．

答　コの字型導線と導線 PQ でできる閉回路が囲む面積は単位時間当たり av で増加しますので，閉回路を貫く磁束の時間変化は，$B=|\boldsymbol{B}|$ として，

$$\frac{d\phi}{dt}=Bav \tag{14.3}$$

です．したがって，誘導起電力 V の大きさは，電磁誘導の法則より，

$$|V|=\left|-\frac{d\phi}{dt}\right|=Bav \tag{14.4}$$

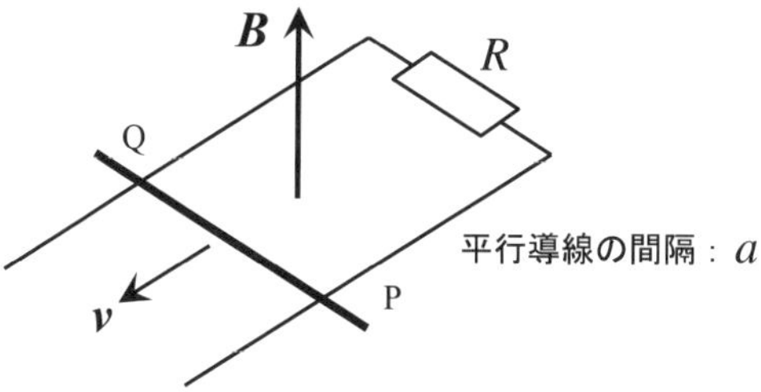

図 14.2　コの字型導線

となります．また，誘導起電力は導線に電流をPからQに流す向きに発生します．これから，抵抗Rに流れる電流は，左上から右下の向きで，大きさIは，

$$I=\frac{Bav}{R} \tag{14.5}$$

となります．

▌例題14.2▌ 円形ソレノイドの誘導起電力：　真空中に断面積SのN回巻きの円形ソレノイドがあるとします．この円形ソレノイドを時間的に変化する磁界$H(t)=H_0\sin\omega t$が垂直に貫いています．円形ソレノイドに発生する誘導起電力Vを求めてみましょう．

答　円形ソレノイドは円電流がN個積み重なったものと考えることができます．磁界は円形ソレノイドに垂直に貫いていますので，1つの円電流を貫く磁束は$\mu_0H(t)S$となります．したがって，円形ソレノイドを貫く磁束$\phi(t)$は，

$$\phi(t)=\mu_0(H_0\sin\omega t)SN=\mu_0H_0NS\sin\omega t \tag{14.6}$$

であり，電磁誘導の法則から，

$$V=-\frac{d\phi}{dt}=-\mu_0\omega H_0NS\cos\omega t \tag{14.7}$$

となります．

▌例題14.3▌ 磁束密度の時間変化による誘導起電力：　図14.3のように，1辺がaの正方形断面を持つ薄いN回巻きのソレノイドが固定されています．空間の磁束密度はz軸の正の方向を向いており，その大きさは

$$B(y,t)=ye^{-Tt} \tag{14.8}$$

で場所的にも時間的にも変化しているとします．ソレノイドに発生する誘導起電力を求めてみましょう．

答　内側を左に見ながらソレノイドの周を回る閉回路を考え，その閉回路で囲まれた閉曲面をSとします．すると，閉回路を貫く磁束を計算する際の法線ベクトル（(14.1)式の$\boldsymbol{n}$）は，z軸の正の方向となり

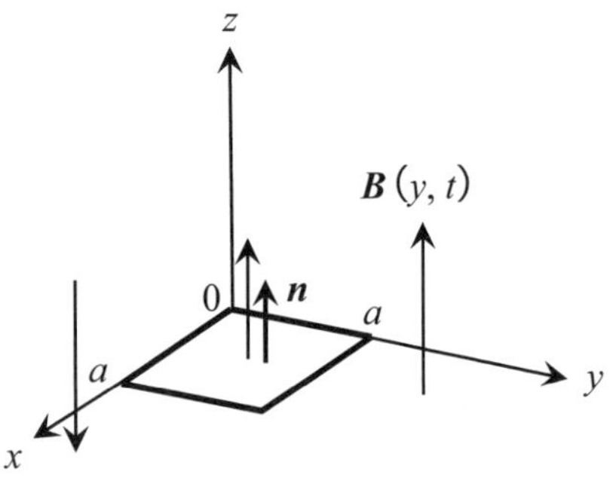

図14.3　正方形断面を持つソレノイド

ます．したがって，時刻 t において，ソレノイドが固定されている xy 平面上の点 $(x, y, 0)$ では，

$$\boldsymbol{B}\cdot\boldsymbol{n}=ye^{-Tt} \tag{14.9}$$

となります．

ソレノイドを貫く磁束 ϕ は，ソレノイドが N 回巻きであることを考慮して，

$$\phi=N\int_S \boldsymbol{B}\cdot\boldsymbol{n}dS=\int_0^a Nye^{-Tt}ady=\left[aNe^{-Tt}\frac{y^2}{2}\right]_0^a=\frac{1}{2}a^3Ne^{-Tt} \tag{14.10}$$

となります．したがって，発生する誘導起電力 V は，

$$V=-\frac{d\phi}{dt}=\frac{1}{2}a^3NTe^{-Tt} \tag{14.11}$$

となります．

問 14.3 真空中に断面積 S の 1 回巻きの円形ソレノイドがある．この円形ソレノイドを時間的に変化する磁界 $H(t)=H_0\cos\omega t$ が垂直に貫いている．円形ソレノイドに発生する誘導起電力 V を求めよ．

問 14.4 真空中に 1 辺が 0.5[m] の正方形断面をもつ 8 回巻きのソレノイドがある．このソレノイドを時間的に変化する磁界（磁束密度 $B(t)=100\,t$[mT]）が垂直に貫いている．ソレノイドに発生する誘導起電力を求めよ．

14.2 磁束密度の時間変化による誘導起電力と電磁誘導の法則（微分形）

閉回路に対して，内側を左手に見て閉回路の縁を 1 周する経路を C とし，閉回路によって（経路 C によって）囲まれた曲面を S とします．また，空間の各部における電界を $\boldsymbol{E}$ とします．

ここでは，閉回路が静止している場合を考えます．誘導起電力が発生するためには，磁束密度が時間変化することが必要ですから，誘導起電力 V は，(14.1) 式と (14.2) 式より，

$$V=-\frac{d\phi}{dt}=-\frac{d}{dt}\int_S \boldsymbol{B}\cdot d\boldsymbol{S}=-\int_S \frac{\partial \boldsymbol{B}}{\partial t}\cdot d\boldsymbol{S} \tag{14.12}$$

となります．

ところで，閉回路の起電力 V は，経路 C に沿って電界 $\boldsymbol{E}$ を積分すれば求まり

ましたね．すなわち，

$$V=\int_C \boldsymbol{E}\cdot d\boldsymbol{s} \tag{14.13}$$

です．ここで，ストークスの定理によれば，

$$\int_C \boldsymbol{E}\cdot d\boldsymbol{s}=\int_S \mathrm{rot}\,\boldsymbol{E}\cdot d\boldsymbol{S} \tag{14.14}$$

が成立しますので，

$$V=\int_S \mathrm{rot}\,\boldsymbol{E}\cdot d\boldsymbol{S} \tag{14.15}$$

と書けます．(14.12) 式と (14.15) 式から，

$$\int_S \mathrm{rot}\,\boldsymbol{E}\cdot d\boldsymbol{S}=-\int_S \frac{\partial \boldsymbol{B}}{\partial t}\cdot d\boldsymbol{S} \tag{14.16}$$

となります．これは，任意の静止した閉回路について成立しますので，

$$\mathrm{rot}\,\boldsymbol{E}=-\frac{\partial \boldsymbol{B}}{\partial t} \tag{14.17}$$

が成り立ちます．この関係式は，電磁誘導の法則（ファラデーの法則）の**微分形**と呼ばれています．

14.3　閉回路の静磁界中の運動による誘導起電力

ここでは，閉回路が静磁界の中を運動する場合を考えます．静磁界のある点での磁束密度を $\boldsymbol{B}$ とします．この場合においても，各瞬間では電磁誘導の法則((14.2) 式) が成立しています．

いま，図 14.4 のように，閉回路が時間 t で C_1 の位置にあり，Δt 後に C_2 の位置に移動したとします．そして，C_1 と C_2 それぞれにより囲まれる面を S_1，S_2 とし，これらを底面とする柱状の体積領域を V とします．また，柱状の体積領域の表面からなる閉曲面を S とします．

閉回路の速度を $\boldsymbol{v}$ として，閉回路を貫く磁束の時間変化を求めましょう．まず，2 つの底面 S_1，S_2 に対する磁束は，時刻 t と $t+\Delta t$ それぞれにおいて閉回路を貫く磁束ですから，それぞれを $\phi(t)$，$\phi(t+\Delta t)$ と表します．次に，閉回路の移動方向と移動距離を表す移動ベクトルは $\boldsymbol{v}\Delta t$ となっていますから，閉回路の微小長さベクトルを $\Delta\boldsymbol{s}$ とすると，$\boldsymbol{v}\Delta t\times\Delta\boldsymbol{s}$ の大きさは $\Delta\boldsymbol{s}$ が動いた跡に対応する

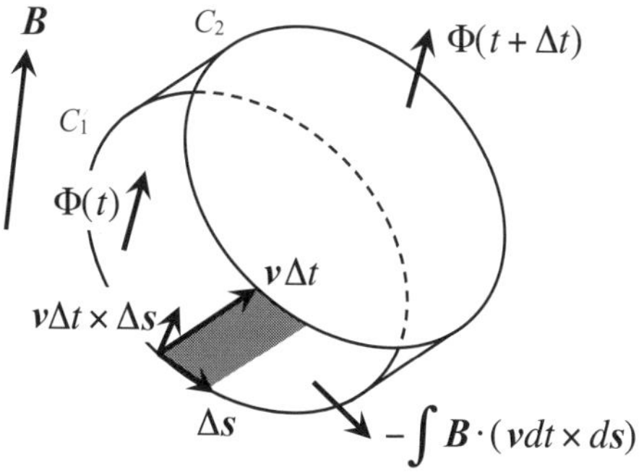

図 14.4　閉回路の静磁界中の運動

柱状の体積領域の側面の微小面積となっており，その方向は微小面積の面に垂直で閉曲面 S の内側を向いています．したがって，側面を貫く磁束は，閉曲面 S の外側向きに

$$\sum \boldsymbol{B}\cdot(-\boldsymbol{v}\varDelta t\times\varDelta\boldsymbol{s})=-\varDelta t\sum \boldsymbol{B}\cdot(\boldsymbol{v}\times\varDelta\boldsymbol{s}) \\ \rightarrow -\varDelta t\int_{C_1}\boldsymbol{B}\cdot(\boldsymbol{v}\times d\boldsymbol{s}) \quad (\varDelta\boldsymbol{s}\rightarrow\boldsymbol{0}) \tag{14.18}$$

となります．

ところで，すでに学びましたように，磁界においては真磁荷に対応するものがありませんので，任意の体積領域の表面に対して磁束密度の面積分は 0 となります．このため，閉曲面 S（柱状の体積領域の表面）に対して

$$\int_S \boldsymbol{B}\cdot d\boldsymbol{S}=0 \tag{14.19}$$

が成り立ちます．これに底面 S_1，S_2 や側面を貫く磁束を代入しますと，閉曲面 S の外向きを正として，

$$\phi(t+\varDelta t)-\phi(t)-\varDelta t\int_{C_1}\boldsymbol{B}\cdot(\boldsymbol{v}\times d\boldsymbol{s})=0 \tag{14.20}$$

となります．これから，微小時間 $\varDelta t$ での磁束の変化率は，

$$\frac{\phi(t+\varDelta t)-\phi(t)}{\varDelta t}=\int_{C_1}\boldsymbol{B}\cdot(\boldsymbol{v}\times d\boldsymbol{s}) \tag{14.21}$$

となりますが，スカラー三重積の公式

$$\boldsymbol{a}\cdot(\boldsymbol{b}\times\boldsymbol{c})=\boldsymbol{b}\cdot(\boldsymbol{c}\times\boldsymbol{a})=\boldsymbol{c}\cdot(\boldsymbol{a}\times\boldsymbol{b}) \tag{14.22}$$

を適用しますと，

$$\frac{\phi(t+\Delta t)-\phi(t)}{\Delta t}=\int_{C_1} d\boldsymbol{s}\cdot(\boldsymbol{B}\times\boldsymbol{v})=-\int_{C_2} d\boldsymbol{s}\cdot(\boldsymbol{v}\times\boldsymbol{B})=-\int_{C_1}(\boldsymbol{v}\times\boldsymbol{B})\cdot d\boldsymbol{s} \tag{14.23}$$

となります．そして，微小時間 Δt を $\Delta t\to 0$ とすると，磁束の時間変化は，

$$\frac{d\phi(t)}{dt}=-\int_{C_1}(\boldsymbol{v}\times\boldsymbol{B})\cdot d\boldsymbol{s} \tag{14.24}$$

となり，誘導起電力 V_e は，

$$V_e=-\frac{d\phi(t)}{dt}=\int_{C_1}(\boldsymbol{v}\times\boldsymbol{B})\cdot d\boldsymbol{s} \tag{14.25}$$

となります．

14.4 渦　電　流

金属板と磁界が相対的に運動したり金属板の近傍の磁界を急激に変化させたりしたときに，電磁誘導によって金属板には渦状の電流（**渦電流**）が流れます．そして，運動を妨げる方向に渦電流は磁界から力を受けます．

▌例題 14.4▌ 渦電流の向きと渦電流が磁界から受ける力の向き：　図 14.5 のように，N と S の磁極が上下に向かい合っているとします．磁極間を導体板が一定速度 $\boldsymbol{v}$ で通過するとき，導体板に生じる渦電流の向きと，発生した渦電流が磁極による磁界から受ける力の向きを考えてみます．

導体板を N 極側から見た場合の様子を図 14.6 に示します．磁界は紙面の表側から裏側の向きになっています．また，導体板は一定速度 $\boldsymbol{v}$（右向きで速さ v）

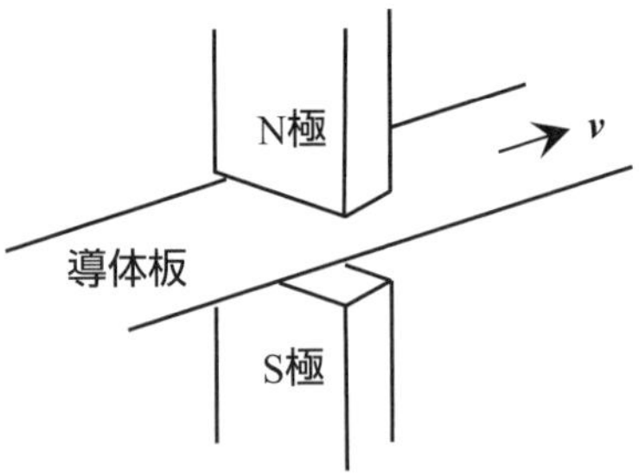

図 14.5　磁極間を一定速度で通過する導体板

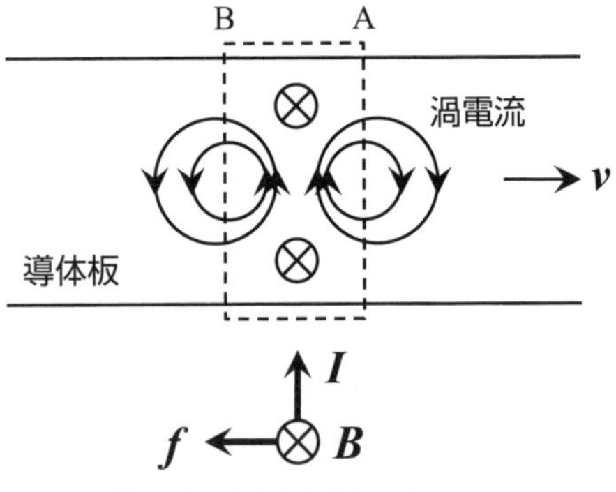

図 14.6　渦電流とそれにかかる力

で動いています．ここで，導体とともに動く座標系で考えましょう．すなわち，導体の上に乗った観察者の座標系で考えます．

答　磁極の右端（図 14.6 の A の側）は，磁極間から出ようとしている部分ですね．すなわち，A の側では時間が経過すると（導体板の動きに伴って）下向きの磁界が弱まることになります．したがって，レンツの法則により，A の側では下向きの磁界が強まる向き，すなわち，図のように右回りに電流が流れます．逆に，図の B の側では下向きの磁界が強まりますので，下向きの磁界が弱まるように，左回りに電流が流れます．

図 14.6 のように，磁界の強い磁極間では渦電流は下から上の向きに流れることになりますので，フレミングの左手の法則により，渦電流には図の左向きの力がかかります．したがって，導体板の運動を妨げる向きに力が発生します．

渦電流が流れますと，金属の抵抗によってジュール熱が発生し，運動エネルギーは熱エネルギーとして損失していきます．この損失エネルギーは**渦電流損**と呼ばれます．渦電流によって運動を妨げる向きに力が働くことは，電車などの**電磁制動**の原理として利用されています．また，渦電流によるジュール発熱は，金属製の調理器具（Induction Heating 調理器）を自己発熱させる原理としても利用されています．

渦電流は導体（金属）表面に同心円状（渦状）に電流が流れますので，導体を櫛状にして渦電流が流れる回路を遮断することによって，渦電流による影響を減らすことができます．モータや変圧器では渦電流によるエネルギー利用効率の低下を小さくするために，コイルを巻くコアと呼ばれる芯材は，薄い金属板の間に絶縁体を挟み込んだ層状の構造としています．

問 14.5　電磁制動の利点を考察せよ．

▌実験 14.3▐　磁界中の金属板振り子の振動：

(1) 図 14.7 (a) のように，四角いアルミ板でできた錘を持つ振り子を永久磁石がつくる磁界の中で（たとえば U 字形の永久磁石の磁極がアルミ板を挟むように）振動させてみて，振幅の時間変化を調べてみましょう．

(2) 図 14.7 (b) のように，溝の入った四角いアルミ板でできた錘を持つ振り子を永久磁石がつくる磁界の中で振動させてみて，振幅の時間変化を調べてみま

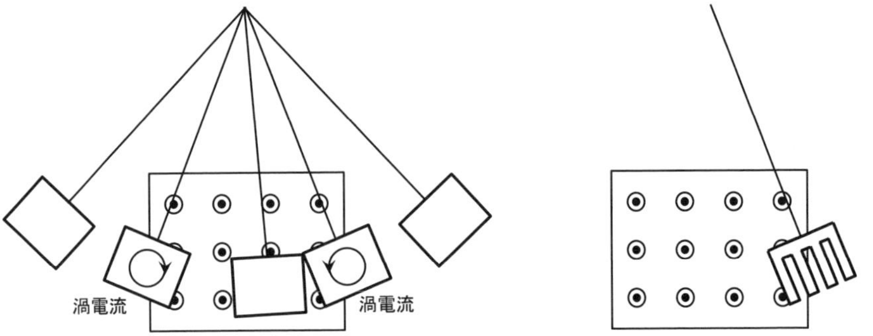

(a) 四角いアルミ板の錘を持つ振り子　　(b) 溝の入った錘を持つ振り子

図 14.7　金属板の錘を持つ振り子の磁界中での振動

しょう．

(3) 溝のあるなしで振幅の時間変化が異なるかを確認しましょう．また，なぜそのようになったかを考察しましょう．

練習問題

14.1　図 14.7 のようにソレノイドコイルがあり，導線で短絡されている．棒状の永久磁石のＳ極を下向きにして以下のように動かすとき，導線にはどのように電流が流れるかを，それぞれの場合について答えよ．

(1)　途中まで差し込んで止める．

(2)　上から落下させてコイルを通過させる．

(3)　Ｓ極をコイル内の途中で止めてから上下に動かす．

(4)　Ｓ極をコイル内の途中で止めてから左右に動かす．

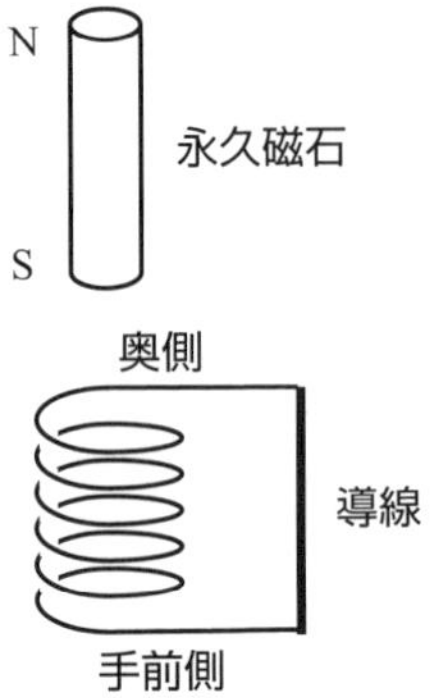

図 14.7　ソレノイドコイル

14.2　半径 r の１回巻きの円形ソレノイドが，大きさ H の一様な磁界の中にある．時刻 $t=0$[s] でコイル面が磁界の方向と平行な位置にあった．円形ソレノイドのコイル面を磁界に対して，T[s] 間に θ[rad] の割合で回転させたとき，円形ソレノイドに発生する誘導起電力 V を求めよ．

14.3　xyz 直交座標系において，磁界が z 軸の正の方向に働いている．その磁界の磁束密度の大きさ $B(\boldsymbol{r})$ は，位置 $\boldsymbol{r}=(x, y, z)$ で $B(\boldsymbol{r})=b_0x$ となっている．この磁界中に，辺が x 軸あるいは y 軸に平行で１辺が a の正方形断面を持つ５回巻きのソレノイドが，x 方向に一定の速さ v で動いている．ソレノイドに発生する誘導起電力 V を求めよ．

第 15 講

マクスウェルの方程式と電磁波

いよいよ電磁気に関する講義も最終章となり，本講では電磁波について学びます．これまで電界と磁界について，電荷間や磁荷間には空間的に離れていても力が働き，電気が流れると磁界が発生し，また，磁界が時間的に変化すると起電力が発生して閉回路に電流が流れることを学びました．マクスウェルが導入した電束電流を考慮してこれらのことを組み合わせますと，電磁波現象が説明されます．また，光が電磁波の一種であることも説明されます．

ところで，光や電磁波は現代社会においては欠かせない物理現象です．人間は可視光（波長では 400～700 [nm]，周波数では 430～750 [THz]）しか感知できませんので，光がないと視覚が活用できず環境に存在する物を認識することが困難です．その光は太陽での核融合反応によって生み出され，地球に降り注いでいます．植物はその光を利用して，光合成により水と大気中の二酸化炭素からグルコースをつくり出し，それを結合させてデンプンをつくり出しています．さらに地中からの窒素成分を利用してタンパク質や脂肪をつくり出しています．人間などの動物は，植物などを食物として摂取することによりそれらの物質を取り込み，生命活動を営むために利用しています．

光ファイバを用いた高速通信は，インターネット時代を支える重要な技術となっています．最近の基幹 LAN（Local Area Network）では 1 [Gbit/s] の通信速度が主流となってきており，100 [Gbit/s] のイーサネットも規格化されつつあります．

電磁波（電波）については，携帯電話が最も身近な存在で，通話エリア内ではいつでもどこでも通話でき，生活上たいへん重宝していることでしょう．無線 LAN においても技術革新が著しく，駅構内などでの無線 LAN スポットだけでなく，新幹線車内や航空機の機内でもインターネットが利用できるようになってきています．また，ラジオやテレビでは，電波に乗せた音声や映像の情報を受信して，音声や映像を復元しています．電球，蛍光灯やLED電球などの照明装置は電気エネルギーを光エネルギーに変換しています．さらに，電子レンジでは，電磁波により食べ物に含まれる水分子を振動させることによって加熱しています．

15.1 マクスウェル-アンペールの法則

ベクトル解析の教えるところによりますと，ベクトル関数の回転（rotation）の発散（divergence）は0，すなわち，

$$\mathrm{div}(\mathrm{rot}\,\boldsymbol{H})=0 \tag{15.1}$$

となりますので，アンペールの法則（$\mathrm{rot}\,\boldsymbol{H}=\boldsymbol{i}$）が成立している場合には，

$$\mathrm{div}\,\boldsymbol{i}=0 \tag{15.2}$$

となるはずです．

一方，化学反応や原子核反応においては，反応の前後で符号を含めて電荷の総和は不変という**電荷の保存則**が成立しています．すなわち，物体に蓄えられた電荷Qとこの物体から流れ出る電流Iとの間には

$$I+\frac{dQ}{dt}=0 \tag{15.3}$$

が成り立っています．このことから，電荷密度ρと電流密度$\boldsymbol{i}$との間には，

$$\mathrm{div}\,\boldsymbol{i}=-\frac{\partial\rho}{\partial t} \tag{15.4}$$

が成り立っており，(15.2) 式は成立しません．このことは，電荷密度が時間的に変化する場合には，アンペールの法則は成立しないことを意味します．

問 15.1 (15.3) 式から (15.4) 式をガウスの発散定理を用いて導出せよ．

そこで，マクスウェルは以下の**マクスウェル-アンペールの法則**

$$\mathrm{rot}\,\boldsymbol{H}=\boldsymbol{i}+\frac{\partial\boldsymbol{D}}{\partial t} \tag{15.5}$$

が成り立つと考えました．ここで，$\boldsymbol{D}$は電束密度（$\varepsilon\boldsymbol{E}$）です．また，$\partial\boldsymbol{D}/\partial t$は電束電流密度（変位電流密度）と呼ばれ，電流密度と同じ作用を持っています．なお，$\partial\boldsymbol{D}/\partial t$の法線成分を面積分したものは電束電流（変位電流）と呼ばれて

います．

なお，(15.1) 式のように，ベクトル場の回転の発散は 0 となりますので，

$$\mathrm{div}(\mathrm{rot}\,\boldsymbol{H})=\mathrm{div}\left(\boldsymbol{i}+\frac{\partial \boldsymbol{D}}{\partial t}\right)=0 \tag{15.6}$$

となり，電流密度と電束電流密度の和には発散がない（連続である）ことがわかります．

これまで学んできました電界や磁界に関する方程式をまとめますと，以下の**マクスウェル方程式（微分形）**が得られます．すなわち，

$$\mathrm{rot}\boldsymbol{E}=-\frac{\partial \boldsymbol{B}}{\partial t} \qquad \text{(14.17 再掲：電磁誘導の法則（微分形））}$$

$$\mathrm{rot}\boldsymbol{H}=\boldsymbol{i}+\frac{\partial \boldsymbol{D}}{\partial t} \qquad \text{(15.5 再掲：マクスウェル-アンペールの法則)}$$

$$\mathrm{div}\boldsymbol{D}=\rho \quad \left(\text{(5.10) 式：}\mathrm{div}\boldsymbol{E}=\frac{\rho}{\varepsilon_0}\right) \tag{15.7}$$

$$\mathrm{div}\boldsymbol{B}=0 \qquad \text{(9.14 再掲)}$$

です．

マクスウェル方程式は線形な方程式であり，解の重ね合わせができます．なお，マクスウェル方程式の 4 つの式のすべてが独立な方程式ではありません．4 つの式のうち，(14.17) 式と (15.5) 式が基本的な方程式で，(15.7) 式と (9.14) 式は補足的な方程式，あるいは，一種の初期条件となっています．

そして，マクスウェル方程式から，真空中を伝わる電磁波の存在が導かれます．その導出は 15.3 節で説明しますが，その前に，波が空間を時間的に伝わっていることを表す微分方程式（波動方程式）について説明します．

15.2 波動方程式と平面波

すべての物理量が，空間座標と時間だけの関数としたとき，

$$\left(\frac{\partial^2}{\partial t^2}-v^2\frac{\partial^2}{\partial z^2}\right)\Psi(z,t)=0 \tag{15.8}$$

は，1 次元の**波動方程式**と呼ばれます．

この 1 次元の波動方程式には，**ダランベールの解**

$$\Psi(z,t)=f(z-vt)+g(z+vt) \tag{15.9}$$

が知られています．ここで，関数 f と g は，任意の関数です．そして，図15.1のように，右辺第1項は，“正の向きに速さ v で形を変えずに伝わる波”を，右辺第2項は，“負の向きに速さ v で形を変えずに伝わる波”を表しています．すなわち，(15.8) 式を満たす解は，左右に伝わるそれぞれ形を変えない波の合成で表されます．なお，(15.9) 式からわかりますように，Ψ は座標 x, y には依存しませんから，z 軸に垂直な平面内では Ψ の値はすべて同じとなります．そして，このような波は**平面波**と呼ばれます．

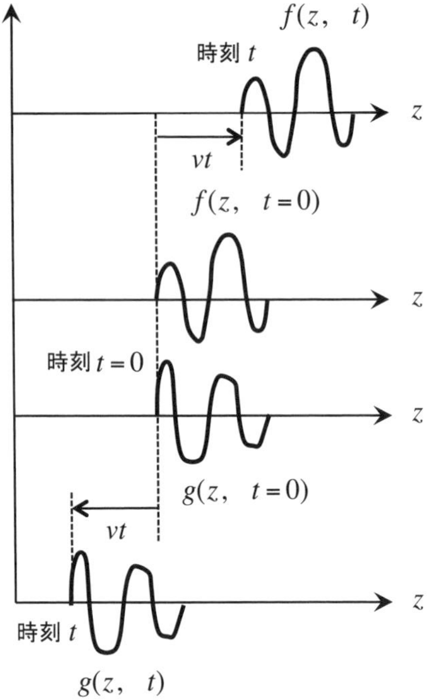

図15.1　1次元波動方程式のダランベールの解

なお，一般に，3次元空間を伝わる波動は，

$$\left(\frac{\partial^2}{\partial t^2}-v^2\Delta\right)\Psi(x, y, z, t)=0 \tag{15.10}$$

を満たします．ただし，

$$\Delta=\frac{\partial^2}{\partial x^2}+\frac{\partial^2}{\partial y^2}+\frac{\partial^2}{\partial z^2} \tag{15.11}$$

です．

15.3　平面電磁波

物質が強誘電体や強磁性体でない物質で，等方的（物質の物理的性質が方向によって異ならない）であり，電磁場が強くないときには，

$$\boldsymbol{D}=\varepsilon\boldsymbol{E} \tag{15.12}$$

$$\boldsymbol{B}=\mu\boldsymbol{H} \tag{15.13}$$

$$\boldsymbol{i}=\sigma\boldsymbol{E} \tag{15.14}$$

が成立します．特に，真空の場合には，$\varepsilon=\varepsilon_0$，$\mu=\mu_0$，$\sigma=0$となります．そして，空間内に電荷や電流がなく（$\rho=0$，$\boldsymbol{i}=\boldsymbol{0}$），真空または一様等方な物質を考えます．真空や一様な物質では，誘電率εと透磁率μは定数となります．また，電磁界は，座標zと時間tの関数で，座標x，yには依存しないとします．

このとき，$\boldsymbol{D}=\varepsilon\boldsymbol{E}$，$\boldsymbol{B}=\mu\boldsymbol{H}$，$\rho=0$，$\boldsymbol{i}=\boldsymbol{0}$をマクスウェルの方程式（(14.17)，(15.5)，(15.7)，(9.14) 式）に代入しますと，

$$\mathrm{rot}\,\boldsymbol{E}=-\frac{\partial(\mu\boldsymbol{H})}{\partial t} \tag{15.15}$$

$$\mathrm{rot}\,\boldsymbol{H}=\frac{\partial(\varepsilon\boldsymbol{E})}{\partial t} \tag{15.16}$$

$$\mathrm{div}\,\boldsymbol{D}=0 \tag{15.17}$$

$$\mathrm{div}\,\boldsymbol{B}=0 \tag{15.18}$$

となります．

電磁界（$\boldsymbol{E}$や$\boldsymbol{H}$）が座標x，yには依存しないことに注意して，(15.15) 式をベクトルの成分で表現しますと，

$$\frac{\partial E_z}{\partial y}-\frac{\partial E_y}{\partial z}=-\frac{\partial E_y}{\partial z}=-\mu\frac{\partial H_x}{\partial t} \tag{15.19}$$

$$\frac{\partial E_x}{\partial z}-\frac{\partial E_z}{\partial x}=\frac{\partial E_x}{\partial z}=-\mu\frac{\partial H_y}{\partial t} \tag{15.20}$$

$$\frac{\partial E_y}{\partial x}-\frac{\partial E_x}{\partial y}=0=-\mu\frac{\partial H_z}{\partial t} \tag{15.21}$$

となります．同様に，(15.16) 式をベクトルの成分で表現しますと，

$$\frac{\partial H_z}{\partial y}-\frac{\partial H_y}{\partial z}=-\frac{\partial H_y}{\partial z}=\varepsilon\frac{\partial E_x}{\partial t} \tag{15.22}$$

$$\frac{\partial H_x}{\partial z}-\frac{\partial H_z}{\partial x}=\frac{\partial H_x}{\partial z}=\varepsilon\frac{\partial E_y}{\partial t} \tag{15.23}$$

$$\frac{\partial H_y}{\partial x}-\frac{\partial H_x}{\partial y}=0=\varepsilon\frac{\partial E_z}{\partial t} \tag{15.24}$$

となります．

また，(15.17)，(15.18) 式から，

$$\frac{\partial(\varepsilon E_x)}{\partial x}+\frac{\partial(\varepsilon E_y)}{\partial y}+\frac{\partial(\varepsilon E_z)}{\partial z}=\varepsilon\frac{\partial E_z}{\partial z}=0 \tag{15.25}$$

$$\frac{\partial(\mu H_x)}{\partial x}+\frac{\partial(\mu H_y)}{\partial y}+\frac{\partial(\mu H_z)}{\partial z}=\mu\frac{\partial H_z}{\partial z}=0 \tag{15.26}$$

が得られます．(15.21)，(15.24)，(15.25)，(15.26) 式から，E_z と H_z は時間にも空間にも依存しない定数であることがわかります．そこで，

$$E_z = H_z = 0 \tag{15.27}$$

とします．

(15.19) 式の両辺を z で偏微分しますと，

$$-\frac{\partial^2 E_y}{\partial z^2} = \frac{\partial}{\partial z}\left(-\mu\frac{\partial H_x}{\partial t}\right) = -\mu\frac{\partial^2 H_x}{\partial z\partial t} \tag{15.28}$$

が得られます．また，(15.23) 式の両辺を t で偏微分しますと，

$$\frac{\partial^2 H_x}{\partial t\partial z} = \varepsilon\frac{\partial^2 E_y}{\partial t^2} \tag{15.29}$$

が得られます．(15.28) 式と (15.29) 式から $\partial^2 H_x/\partial t\partial z$ を消去しますと，

$$-\frac{\partial^2 E_y}{\partial z^2} = -\mu\left(\varepsilon\frac{\partial^2 E_y}{\partial t^2}\right) = -\varepsilon\mu\frac{\partial^2 E_y}{\partial t^2} \tag{15.30}$$

となり，整理すると，

$$\left(\frac{\partial^2}{\partial t^2} - \frac{1}{\varepsilon\mu}\cdot\frac{\partial^2}{\partial z^2}\right)E_y = 0 \tag{15.31}$$

となり，E_y に関する 1 次元の波動方程式が得られます．また，(15.19) 式の両辺を t で偏微分し，(15.23) 式の両辺を z で偏微分しますと，H_x に関する 1 次元の波動方程式

$$\left(\frac{\partial^2}{\partial t^2} - \frac{1}{\varepsilon\mu}\cdot\frac{\partial^2}{\partial z^2}\right)H_x = 0 \tag{15.32}$$

が得られます．(15.31) 式，(15.32) 式から E_y と H_x に対してダランベールの解が得られることから，どちらも速さ $1/\sqrt{\varepsilon\mu}$ で $\pm z$ 方向に進む波であることがわかります．

同様にして，(15.20) 式と (15.22) 式から，E_x と H_y に関する 1 次元の波動方程式

$$\left(\frac{\partial^2}{\partial t^2} - \frac{1}{\varepsilon\mu}\cdot\frac{\partial^2}{\partial z^2}\right)E_x = 0 \tag{15.33}$$

$$\left(\frac{\partial^2}{\partial t^2} - \frac{1}{\varepsilon\mu}\cdot\frac{\partial^2}{\partial z^2}\right)H_y = 0 \tag{15.34}$$

が得られます．したがって，E_x と H_y も速さ $1/\sqrt{\varepsilon\mu}$ で $\pm z$ 方向に進む波であることがわかります．

問 15.2 (15.32) 式を導出せよ.

問 15.3 (15.33) 式と (15.34) を導出せよ.

E_x, E_y, H_x, H_y が伝わる速さ v は, 真空中では, 誘電率と透磁率はそれぞれ,

$$\varepsilon_0 = 8.8542 \times 10^{-12}\,[\mathrm{F/m}] \tag{15.35}$$

$$\mu_0 = 4\pi \times 10^{-7}\,[\mathrm{H/m}] \tag{15.36}$$

ですから,

$$v = \frac{1}{\sqrt{\varepsilon_0 \mu_0}} = 2.997923 \times 10^8\,[\mathrm{m/s}] \tag{15.37}$$

となり, 光速 ($2.99792458 \times 10^8\,[\mathrm{m/s}]$) に一致します. このことから, マクスウェルは光の正体は電磁波であると考えたのです. なお, ファラッドとヘンリーの次元は, それぞれ,

$$[\mathrm{F}] = [\mathrm{kg}^{-1} \cdot \mathrm{m}^{-2} \cdot \mathrm{A}^2 \cdot \mathrm{s}^4] \tag{15.38}$$

$$[\mathrm{H}] = [\mathrm{kg} \cdot \mathrm{m}^2 \cdot \mathrm{A}^{-2} \cdot \mathrm{s}^{-2}] \tag{15.39}$$

です.

問 15.4 真空の誘電率の詳細な値を調べて, 電磁波が伝わる速さが光速に一致すること ((15.37) 式) を確かめよ.

問 15.5 光が波であると考えられる根拠となる現象を調べよ.

E_y と H_x に関する 1 次元の波動方程式は, (15.19) 式と (15.23) 式を組み合わせて導出しました. 一方, E_x と H_y に関する 1 次元の波動方程式は, (15.20) 式と (15.22) 式を組み合わせて導出しました. これからわかりますように, 平面電磁波は, (i) 電界を x 方向, 磁界を y 方向に持つものと, (ii) 電界を y 方向, 磁界を x 方向に持つものの重ね合わせです. また, 詳しい数学的な導出は省略しますが, 電界と磁界は直交しています. これらのことから, 電界が y 方向, 磁界が x 方向に振動する平面電磁波は, 図 15.2 のように描くことができます.

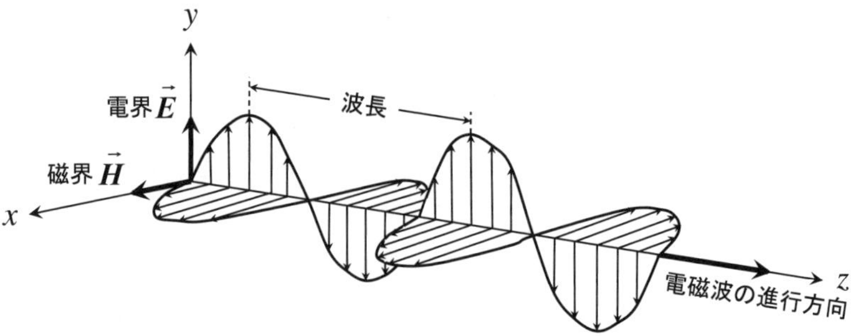

図 15.2　電界が y 方向，磁界が x 方向に振動する平面電磁波

解　　答

第 2 講

例 2.1　(1) [m^3] = [m] × [m] × [m]
(2) [m/s] = [m]/[s]
(3) [Hz] = [c (サイクル)]/[s]

例 2.2　$n=a+b$, 幼児はトンネル内に隠れたまま出てこないことはできない.

例 2.3　$a-b+c=s$

問 2.1　(1) [V] = [A] × [Ω]
(2) [C] = [A] × [s]
(3) [J] = [W] × [s]

問 2.2　$R_1 /\!/ R_2 /\!/ R_3 = \dfrac{R_1R_2R_3}{R_1R_2+R_2R_3+R_3R_1}$

問 2.3　$-I_3R_3-I_4R_4-I_5R_5=0$

練習問題

2.1　R_1 および R_2 に流れる電流を, それぞれ i_1 および i_2 とおく. また, 並列回路の両端に電圧 E をかけたとし, 並列回路全体に流れる電流を i, 並列回路全体の抵抗を R とおく. キルヒホッフの電流連続の法則より, $i_1+i_2=i$. また, キルヒホッフの電圧平衡の法則より, $E=R_1i_1=R_2i_2=Ri$.
したがって,

$$\frac{E}{R_1}+\frac{E}{R_2}=\frac{E}{R}$$

これから,

$$R=\frac{1}{\dfrac{1}{R_1}+\dfrac{1}{R_2}}$$

2.2　R_1, R_2, および R_3 に流れる電流を, それぞれ i_1, i_2 および i_3 とおく. ただし, 上向きを正とする.
(a) 上側の接点にキルヒホッフの電流連続の法則を適用して,

$$i_1+i_2+i_3=0$$

また, R_1 および R_2 を含む閉回路にキルヒホッフの電圧平衡の法則を適用して,

$$R_1i_1-R_2i_2=E_1$$

同様に，R_2 および R_3 を含む閉回路にキルヒホッフの電圧平衡の法則を適用して，

$$R_3i_3-R_2i_2=E_3$$

これらの方程式を連立させて解いて，

$$i_1=\frac{(R_2+R_3)E_1-R_2E_3}{R_1R_2+R_2R_3+R_3R_1},\quad i_2=\frac{-R_3E_1-R_1R_3}{R_1R_2+R_2R_3+R_3R_1},\quad i_3=\frac{-R_2E_1+(R_1+R_2)E_3}{R_1R_2+R_2R_3+R_3R_1}$$

(b) 上側の接点にキルヒホッフの電流連続の法則を適用して，

$$i_1+i_2+i_3=0$$

また，R_1 および R_2 を含む閉回路にキルヒホッフの電圧平衡の法則を適用して，

$$R_1i_1-R_2i_2=E_1-E_2$$

同様に，R_2 および R_3 を含む閉回路にキルヒホッフの電圧平衡の法則を適用して，

$$R_1i_1-R_2i_2=E_3-E_2$$

これらの方程式を連立させて解いて，

$$i_1=\frac{R_3(E_1-E_2)+R_2(E_1-E_3)}{R_1R_2+R_2R_3+R_3R_1},\quad i_2=\frac{R_1(E_2-E_3)+R_3(E_2-E_1)}{R_1R_2+R_2R_3+R_3R_1},$$

$$i_3=\frac{R_1(E_3-E_2)+R_2(E_3-E_1)}{R_1R_2+R_2R_3+R_3R_1}$$

2.3 電流計と電圧計の内部抵抗を，それぞれ r_A および r_V とおく．また，電流計と電圧計の読みを，それぞれ I および V とし，電圧計に流れる電流を i_V とおく．このとき，

$$(r_A+R)I=r_Vi_V=V_0=V$$

が成立する．これから，

$$\frac{V}{I}=r_A+R$$

また，

$$e_{R2}=\left|\frac{V}{I}-R\right|=r_A$$

これから，図 2.11 の回路での抵抗の計測では，電流計の内部抵抗だけの誤差が発生することとなる．

2.4

(1) 抵抗 R_5 の両端の電圧は 0 であるから，

$$\frac{E}{R_1+R_3}\cdot R_3=\frac{E}{R_2+R_4}\cdot R_4$$

が成り立つ．これから，$R_1R_4=R_2R_3$.

(2) 抵抗 R_1 から R_5 に流れる電流を，それぞれ i_1 から i_5（右向き，あるいは下向きを 0 正とする）とおく．キルヒホッフの電流連続の法則，および電圧平衡の法則より，たとえば，

$$i_1-i_3-i_5=0,\quad i_2-i_4+i_5=0,$$

$$R_1 i_1 + R_3 i_3 = E,\ \ R_2 i_2 + R_4 i_4 = E,\ \ R_1 i_1 + R_5 i_5 - R_2 i_2 = 0$$

が成り立つ．

これらの方程式を連立させて解き，

$$i_5 = \frac{R_2 R_3 - R_1 R_4}{(R_2+R_4)R_1 R_3 + (R_1+R_3)R_2 R_4 + (R_1+R_3)(R_2+R_4)R_5} E$$

となる．

第3講

例 3.1　B さんの引っ張る力：$f_{\mathrm{B}}\boldsymbol{y}$，荷物に働く力：$f_{\mathrm{A}}\boldsymbol{x} + f_{\mathrm{B}}\boldsymbol{y}$

例 3.2　$f_{\mathrm{A}}\boldsymbol{x} + f_{\mathrm{B}}\boldsymbol{y} + f_{\mathrm{C}}\boldsymbol{z}$

問 3.1　(1) 図 3.1 から，$\boldsymbol{r}_1 - \boldsymbol{r}_2$ は点 B から点 A へ向かうベクトルを表しているから，その大きさ $|\boldsymbol{r}_1 - \boldsymbol{r}_2|$ は，2 点 $\boldsymbol{r}_1$ と $\boldsymbol{r}_2$ の距離を表している．

(2) まず，$\frac{Q_1 Q_2}{|Q_1 Q_2|} \cdot \frac{\boldsymbol{r}_1 - \boldsymbol{r}_2}{|\boldsymbol{r}_1 - \boldsymbol{r}_2|}$ は明らかに単位ベクトルである．クーロン力は Q_1 と Q_2 がどちらも正電荷あるいは負電荷である場合には斥力，一方が正電荷で他方が負電荷である場合には引力となる．一方，$\frac{Q_1 Q_2}{|Q_1 Q_2|} \cdot \frac{\boldsymbol{r}_1 - \boldsymbol{r}_2}{|\boldsymbol{r}_1 - \boldsymbol{r}_2|}$ で表される Q_1 に働く力の方向は，Q_1 と Q_2 がどちらも正電荷あるいは負電荷である場合には $\boldsymbol{r}_1 - \boldsymbol{r}_2$ に一致し，一方が正電荷で他方が負電荷である場合には $-(\boldsymbol{r}_1 - \boldsymbol{r}_2)$ に一致している．

問 3.2

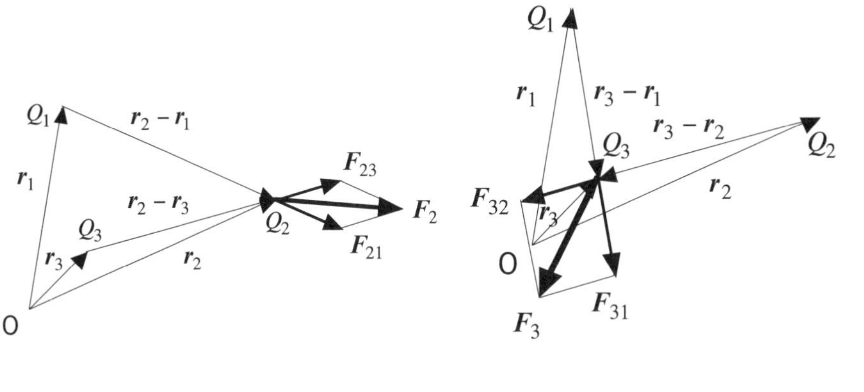

(a)　Q_2　　　(b)　Q_3

問 3.3　2×10^{-1} [N]

問 3.4

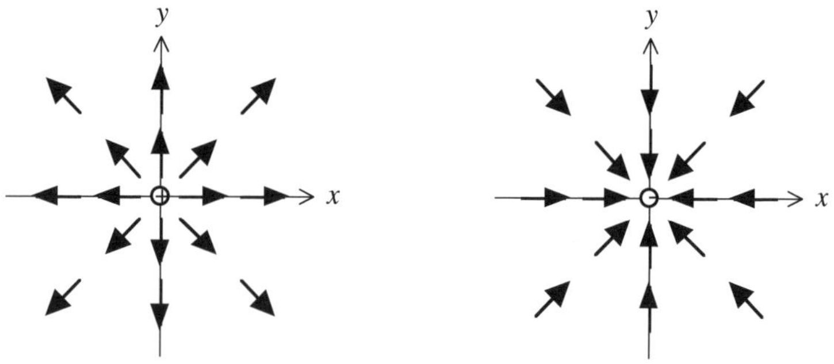

(1)　　　　　　　　(2)

練習問題

3.1　点電荷 C の位置は, $(x,\ 0,\ 0)$とおける. クーロン力のつり合いの式より,

$$\frac{4\cdot1}{4\pi\varepsilon_0x^2}=\frac{1\cdot1}{4\pi\varepsilon_0(3-x)^2}$$

が成り立つ. これから, $x=2,\ 6$. ただし, $x=6$では点電荷 C は静止しない. したがって, 点電荷 C の位置は, (2, 0, 0).

3.2

$$\frac{Q}{4\pi\varepsilon_0 1^2}+2\cdot\frac{Q}{4\pi\varepsilon_0(\sqrt{2})^2}\cos45^\circ=\frac{Q}{4\pi\varepsilon_0}\left(1+\frac{\sqrt{2}}{2}\right)\ \text{[N/C]}$$

3.3

$10^2Q=0.1\cdot9.8$から, $Q=9.8\times10^{-3}$ [C]

3.4

$$\frac{Q^2}{4\pi\varepsilon_0 0.1^2}\cdot\frac{\sqrt{1^2-0.05^2}}{1}=0.01\cdot9.8\cdot\frac{0.05}{1}\text{ から, }Q=\pm7.4\times10^{-8}\ \text{[C]}$$

3.5

$$\frac{Q\cdot2Q}{4\pi\varepsilon_0(2l\sin\theta)^2}\cdot\cos\theta=mg\sin\theta\text{ から, }Q=\pm\sqrt{8\pi\varepsilon_0 mgl^2\sin^2\theta\tan\theta}$$

第 4 講

例 4.1　$\Delta e=k\dfrac{Q}{r^2}\Delta S$

例 4.2　$e=k\dfrac{Q}{r^2}4\pi r^2=4\pi kQ$

点光源から単位時間に放射されるすべての光子を利用して発電しているから.

例 4.3　$e=4\pi kQ$

影になったり斜めに照射されたりはするが，結局，点光源から単位時間に放射されるすべての光子を利用して発電しているから．

問 4.1　(1) $\boldsymbol{n}=(0,\ 0,\ 1)$

(2) $\boldsymbol{a}\cdot\boldsymbol{n}=a_3$

(3) ベクトルの面に垂直な成分が求まる．

問 4.2　(1) 1

(2) $\displaystyle\int_0^2\int_0^1 xdxdy=\int_0^2\left(\left[\frac{x^2}{2}\right]_0^1\right)dy=\int_0^2\frac{1}{2}dy=\left[\frac{1}{2}y\right]_0^2=1$

問 4.3　$\displaystyle\int_S\boldsymbol{E}\cdot d\boldsymbol{S}=\int_S\frac{Q}{4\pi\varepsilon_0}\cdot\frac{1}{r^2}dS=\frac{Q}{4\pi\varepsilon_0}\cdot\frac{1}{r^2}\int_S dS=\frac{Q}{4\pi\varepsilon_0}\cdot\frac{1}{r^2}\cdot 4\pi r^2=\frac{Q}{\varepsilon_0}$

問 4.4　$\displaystyle\int_S\boldsymbol{E}\cdot d\boldsymbol{S}=\int_S E(r)\frac{\boldsymbol{r}}{r}\cdot d\boldsymbol{S}=\int_S E(r)\frac{\boldsymbol{r}}{r}\cdot\boldsymbol{n}dS=\int_S E(r)dS=E(r)\int_S dS=4\pi r^2E(r)$

練習問題

4.1

(1) 対称性から電界は z 軸に垂直である．一方，考えている円柱の上面および下面は z 軸に垂直であるから，これらの面の外向き法線ベクトルは，z 軸に平行（反平行）なベクトルとなっている．したがって，円柱の上面および下面での電界は，面の外向き法線ベクトルに垂直である．

(2) 対称性から電界は z 軸に垂直で，z 軸から離れる方向であり，方向によらず大きさは同じである．一方，考えている円柱の側面の外向き法線ベクトルは，z 軸に垂直となっている．したがって，電界は側面の外向き法線ベクトルに平行で大きさは同じである．

(3) z 軸上の点$(0,\ 0,\ z)$から点$(0,\ 0,\ z+\Delta z)$にある電荷が，点$(0,\ r,\ 0)$につくる電界の大きさ ΔE は，

$$\Delta E=\frac{\lambda\Delta z}{4\pi\varepsilon_0}\cdot\frac{1}{(\sqrt{z^2+r^2})^2}$$

であるが，z 軸に垂直な成分は，

$$\Delta E_\perp=\frac{\lambda\Delta z}{4\pi\varepsilon_0}\cdot\frac{1}{(\sqrt{z^2+r^2})^2}\cdot\frac{r}{\sqrt{z^2+r^2}}$$

となる．点$(0,\ r,\ 0)$での電界の大きさ E は，

$$E=\int\Delta E_\perp=\int_{-\infty}^{\infty}\frac{\lambda}{4\pi\varepsilon_0}\cdot\frac{r}{(\sqrt{z^2+r^2})^{\frac{3}{2}}}dz=\frac{\lambda r}{4\pi\varepsilon_0}\cdot\frac{2}{r^2}=\frac{\lambda}{2\pi\varepsilon_0 r}$$

となる．

(4) 電界は円柱の側面 S_1 に垂直であるから，

$$\int_S\boldsymbol{E}\cdot d\boldsymbol{S}=\int_{S_1}\boldsymbol{E}\cdot d\boldsymbol{S}=\int_{S_1}\frac{\lambda}{2\pi\varepsilon_0 r}dS=\frac{\lambda}{2\pi\varepsilon_0 r}\int_{S_1}dS=\frac{\lambda}{\varepsilon_0}$$

となる．

4.2　$|\boldsymbol{r}|=r$とおく．対称性より，電界$\boldsymbol{E}$は$\boldsymbol{E}=E(r)\boldsymbol{r}/r$とおける．半径$r$の球面状の閉曲面$S$を考え，ガウスの法則を適用すると，

$$r>a\text{で，}\int_S \boldsymbol{E}\cdot d\boldsymbol{S}=\int_S E(r)\frac{\boldsymbol{r}}{r}\cdot d\boldsymbol{S}=E(r)\int_S dS=4\pi r^2E(r)=\frac{1}{\varepsilon_0}\cdot\frac{Q}{\frac{4}{3}\pi a^3}\cdot\frac{4}{3}\pi a^3$$

$$r\leq a\text{で，}\int_S \boldsymbol{E}\cdot d\boldsymbol{S}=4\pi r^2E(r)=\frac{1}{\varepsilon_0}\cdot\frac{Q}{\frac{4}{3}\pi a^3}\cdot\frac{4}{3}\pi r^3$$

となる．これらから，$E(r)$を求めて，

$$r>a\text{で，}\ \boldsymbol{E}=\frac{Q}{4\pi\varepsilon_0 r^2}\cdot\frac{\boldsymbol{r}}{r}$$

$$r\leq a\text{で，}\ \boldsymbol{E}=\frac{Qr}{4\pi\varepsilon_0 a^3}\cdot\frac{\boldsymbol{r}}{r}$$

となる．

4.3　$|\boldsymbol{r}|=r$とおく．対称性より，電界$\boldsymbol{E}$は$\boldsymbol{E}=E(r)\dfrac{\boldsymbol{r}}{r}$とおける．半径$r$の球面状の閉曲面$S$を考え，ガウスの法則を適用すると，

$$a<r<a\text{で，}\int_S \boldsymbol{E}\cdot d\boldsymbol{S}=4\pi r^2E(r)=0$$

$$a\leq r\leq b\text{で，}\int_S \boldsymbol{E}\cdot d\boldsymbol{S}=4\pi r^2E(r)=\frac{1}{\varepsilon_0}\cdot\frac{Q}{\frac{4}{3}\pi(b^3-a^3)}\cdot\frac{4}{3}\pi(r^3-a^3)=\frac{Q(r^3-a^3)}{\varepsilon_0(b^3-a^3)}$$

$$b<r\text{で，}\int_S \boldsymbol{E}\cdot d\boldsymbol{S}=4\pi r^2E(r)=\frac{Q}{\varepsilon_0}$$

これらから，$E(r)$を求めて，

$$0<r<a\text{で，}\ \boldsymbol{E}=\boldsymbol{0}$$

$$a\leq r\leq b\text{で，}\ \boldsymbol{E}=\frac{Q(r^3-a^3)}{4\pi\varepsilon_0(b^3-a^3)r^2}\cdot\frac{\boldsymbol{r}}{r}$$

$$b<r\text{で，}\ \boldsymbol{E}=\frac{Q}{4\pi\varepsilon_0 r^2}\cdot\frac{\boldsymbol{r}}{r}$$

となる．

4.4　電界を考える点から棒の軸に下ろした垂線の足から点に向かうベクトルを$\boldsymbol{r}$とおく．対称性より，電界$\boldsymbol{E}$は$\boldsymbol{E}=E(r)\dfrac{\boldsymbol{r}}{r}$とおける．棒の軸と軸が同じで，半径$r$，長さが1の円柱の表面の閉曲面$S$を考え，ガウスの法則を適用すると，

$$r>a\text{で，}\int_S \boldsymbol{E}\cdot d\boldsymbol{S}=\int_S E(r)\frac{\boldsymbol{r}}{r}\cdot d\boldsymbol{S}=E(r)\int_S dS=2\pi rE(r)=\frac{Q}{\varepsilon_0}$$

$$r\leq a\text{で，}\int_S \boldsymbol{E}\cdot d\boldsymbol{S}=2\pi rE(r)=\frac{1}{\varepsilon_0}\cdot\frac{Q}{\pi a^2}\cdot\pi r^2=\frac{Qr^2}{\varepsilon_0 a^2}$$

となる．これらから，$E(r)$を求めて，

$$r>a\text{ で，}\ \boldsymbol{E}=\frac{Q}{2\pi\varepsilon_0 r}\cdot\frac{\boldsymbol{r}}{r}$$

$$r\leq a\text{ で，}\ \boldsymbol{E}=\frac{Qr}{2\pi\varepsilon_0 a^2}\cdot\frac{\boldsymbol{r}}{r}$$

となる．

第5講

問 5.1　(1) $\dfrac{\partial f}{\partial y}=2x+2y$

(2) $\dfrac{\partial g}{\partial y}=x+2y+2z$

(3) $\dfrac{\partial g}{\partial z}=2y+2z$

問 5.2　$\dfrac{\partial E_x}{\partial x}=\dfrac{\rho_0 a^3}{3\varepsilon_0}(-2x^2+y^2)(x^2+y^2)^{-\frac{5}{2}}$,　$\dfrac{\partial E_y}{\partial y}=\dfrac{\rho_0 a^3}{3\varepsilon_0}(x^2-2y^2)(x^2+y^2)^{-\frac{5}{2}}$

問 5.3

(1) $\mathrm{div}\boldsymbol{f}=0$　(2) $\mathrm{div}\boldsymbol{g}=2$　(3) $\mathrm{div}\boldsymbol{h}=0$

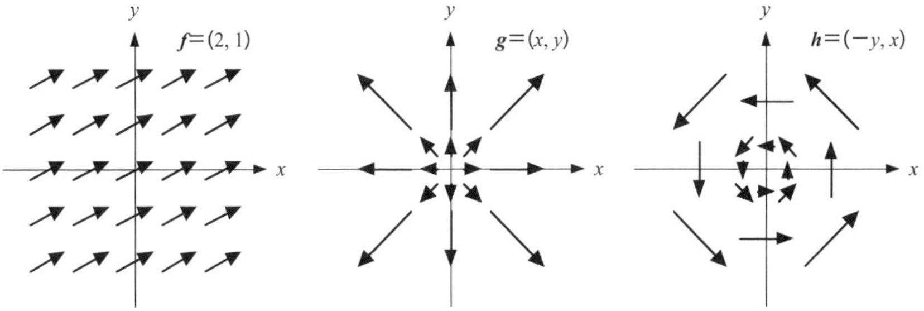

問 5.4　(1) $\mathrm{div}\boldsymbol{i}=0$

(2) $\boldsymbol{i}=\left(\dfrac{x}{x^2+y^2},\ \dfrac{y}{x^2+y^2}\right)=\dfrac{1}{\sqrt{x^2+y^2}}\left(\dfrac{x}{\sqrt{x^2+y^2}},\ \dfrac{y}{\sqrt{x^2+y^2}}\right)$

から，ベクトル関数 $\boldsymbol{i}$ は原点を中心として放射状外向きの単位ベクトルを原点までの距離で割った，原点に点対称なベクトル関数となっている．ベクトル関数 $\boldsymbol{i}$ が原点以外の各点での流れを表しているとすると，原点を中心とした半径 r の円から外向きに流れ出る流体は $2\pi r\dfrac{1}{r}=2\pi$ の一定値となっている．したがって，$0<a$，Δa は微小として半径 a と $a+\Delta a$ の間の細い円環状領域では流体の湧き出しや吸い込みはないことがわかる．また，ベクトル関数は原点に点対称であるから，細い円管状領域内部の各点での $\mathrm{div}\boldsymbol{i}$ は同じ値であるはずである．したがって，$\mathrm{div}\boldsymbol{i}=0$ となる．

練習問題

5.1 xyz 座標系で考え，点 $\boldsymbol{r}$ の座標を $\boldsymbol{r}=(x,\ y,\ z)$ とおく．すると，電界 $\boldsymbol{E}$ の x, y, z の成分は，それぞれ，

$$E_x=\frac{Q}{4\pi\varepsilon_0}\cdot\frac{x}{(x^2+y^2+z^2)^{\frac{3}{2}}},$$

$$E_y=\frac{Q}{4\pi\varepsilon_0}\cdot\frac{y}{(x^2+y^2+z^2)^{\frac{3}{2}}},$$

$$E_z=\frac{Q}{4\pi\varepsilon_0}\cdot\frac{z}{(x^2+y^2+z^2)^{\frac{3}{2}}}$$

となる．これらから，$|\boldsymbol{r}|>0$ において

$$\frac{\partial E_x}{\partial x}=\frac{Q}{4\pi\varepsilon_0}\cdot\left(\frac{1}{(x^2+y^2+z^2)^{\frac{3}{2}}}-\frac{3}{2}\cdot\frac{x\cdot 2x}{(x^2+y^2+z^2)^{\frac{5}{2}}}\right),$$

$$\frac{\partial E_y}{\partial y}=\frac{Q}{4\pi\varepsilon_0}\cdot\left(\frac{1}{(x^2+y^2+z^2)^{\frac{3}{2}}}-\frac{3y^2}{(x^2+y^2+z^2)^{\frac{5}{2}}}\right),$$

$$\frac{\partial E_z}{\partial z}=\frac{Q}{4\pi\varepsilon_0}\cdot\left(\frac{1}{(x^2+y^2+z^2)^{\frac{3}{2}}}-\frac{3z^2}{(x^2+y^2+z^2)^{\frac{5}{2}}}\right)$$

となる．したがって，

$$\varepsilon_0\mathrm{div}\boldsymbol{E}(\boldsymbol{r})=\varepsilon_0\left(\frac{\partial E_x}{\partial x}+\frac{\partial E_y}{\partial y}+\frac{\partial E_z}{\partial z}\right)=0$$

となり，$|\boldsymbol{r}|>0$ には電荷が存在しない．

5.2 $0<|\boldsymbol{r}|<a$ および $a<|\boldsymbol{r}|$ では，$\varepsilon_0\mathrm{div}\boldsymbol{E}(\boldsymbol{r})=0$ となり，電荷は分布していない．$|\boldsymbol{r}|=a$ では，

$$\boldsymbol{E}(\boldsymbol{r})=\frac{Q}{4\pi\varepsilon_0}\cdot\frac{\boldsymbol{r}}{a^3}$$

であり，xyz 座標系における成分で表すと，

$$E_x=\frac{Qx}{4\pi\varepsilon_0 a^3},\quad E_y=\frac{Qy}{4\pi\varepsilon_0 a^3},\quad E_z=\frac{Qz}{4\pi\varepsilon_0 a^3}$$

となる．これらから，$|\boldsymbol{r}|=a$ において

$$\varepsilon_0\mathrm{div}\boldsymbol{E}(\boldsymbol{r})=\varepsilon_0\left(\frac{\partial E_x}{\partial x}+\frac{\partial E_y}{\partial y}+\frac{\partial E_z}{\partial z}\right)=\frac{3Q}{4\pi a^3}$$

となる．すなわち，半径 a の球面上に均一に電荷が存在し，総和は

$$\frac{3Q}{4\pi a^3}\cdot\frac{4}{3}\pi a^3=Q$$

となる．

5.3 電界 $\boldsymbol{E}$ の x, y, z の成分は，それぞれ，

$$E_x=\frac{Q}{\varepsilon_0}\cdot\frac{x}{x^2+y^2},\quad E_y=\frac{Q}{\varepsilon_0}\cdot\frac{y}{x^2+y^2},\quad E_z=0$$

となる．これらから，

$$\varepsilon_0\mathrm{div}\boldsymbol{E}(\boldsymbol{r})=\varepsilon_0\cdot\frac{Q}{\varepsilon_0}\left(\frac{1}{x^2+y^2}-\frac{x\cdot 2x}{(x^2+y^2)^2}+\frac{1}{x^2+y^2}-\frac{y\cdot 2y}{(x^2+y^2)^2}\right)=0$$

となる．すなわち，$0<|\boldsymbol{p}|$ には電荷が存在しない．

第6講

問 6.1　6.A 節で説明した方法以外にも，たとえば，以下のような方法が考えられる．

i）GPS 付の電子地形図を用いて，出発点と現在位置での海抜高度の差を求める．

ii）気圧計により，出発点と現在位置での気圧差を測り，高度差に換算する．

iii）出発点と現在位置での重力加速度を測り，高度差に換算する．

iv）遠くに高い塔や山などの目標物があり出発点と現在位置の両方から見える場合には，目標物の頂点までの距離と，目標物の頂点の仰角（俯角）を出発点と現在位置で測り，高度差を計算する．

問 6.2　$\phi(\boldsymbol{r})=\phi(r)=\dfrac{Q}{4\pi\varepsilon_0 r}\quad(r>a),\quad =\dfrac{Q}{4\pi\varepsilon_0 a}\quad(r\leq a)$

問 6.3　(1) $\mathrm{grad}f=(2,\ 0,\ 0)$

(2) $\mathrm{grad}g=(2x,\ 6y,\ 0)$

(3) $\mathrm{grad}h=(6xyz^3,\ 3x^2z^3,\ 9x^2yz^2)$

練習問題

6.1　金属小球の位置を原点にとると，原点から距離 r の位置の電界 $\boldsymbol{E}$ は原点から放射状の方向で，大きさは $E(r)=0.8/(4\pi\varepsilon_0 r^2)$ となる．無限遠を基準にとると，上空 2000［m］と 1000［m］との間の電位差 V は，積分経路の方向を原点への放射状方向にとると，

$$V=-\int_{\infty}^{1000}\frac{0.8}{4\pi\varepsilon_0 r^2}dr-\left(-\int_{\infty}^{2000}\frac{0.8}{4\pi\varepsilon_0 r^2}dr\right)=\left[-\frac{0.8}{4\pi\varepsilon_0 r}\right]_{1000}^{2000}=\frac{1}{10000\pi\varepsilon_0}\ [\mathrm{V}]$$

となる．

6.2　棒を x 軸に一致させ，棒の中点を原点とする xyz 座標系を考える．棒の中点から棒に垂直に 1［m］離れた点の座標は，$\boldsymbol{r}_1=(0,\ y_1,\ z_1)$ と表すことができる．ただし，$\sqrt{{y_1}^2+{z_1}^2}=1$ である．また，電荷の位置は，$(1,\ 0,\ 0)$，$(-1,\ 0,\ 0)$ と表される．それぞれの電荷がつくる電界の和を求めて，棒の中点から棒に垂直に 1［m］離れた点の電界 $\boldsymbol{E}_1$ は，

$$\boldsymbol{E}_1=\frac{Q\{(-1,\ y_1,\ z_1)+(1,\ y_1,\ z_1)\}}{4\pi\varepsilon_0\cdot(\sqrt{1^2+{y_1}^2+{z_1}^2})^3}=\frac{Q(0,\ 2y_1,\ 2z_1)}{4\pi\varepsilon_0\cdot(\sqrt{2})^3}$$

$$=\frac{\sqrt{2}Q(0,\ y_1,\ z_1)}{8\pi\varepsilon_0}\quad[\mathrm{V/m}]$$

となる．棒の中点から棒に垂直に r ［m］ 離れた点の座標 $\boldsymbol{r}$ と電界 $\boldsymbol{E}_r$ は，それぞれ，

$$\boldsymbol{r}=(0,\ y,\ z)$$

$$\boldsymbol{E}=\frac{Q\{(-1,\ y,\ z)+(1,\ y,\ z)\}}{4\pi\varepsilon_0\cdot(\sqrt{1^2+y^2+z^2})^3}=\frac{Q(0,\ y,\ z)}{2\pi\varepsilon_0\cdot(\sqrt{1^2+y^2+z^2})^3}$$

となる．ただし，$\sqrt{y^2+z^2}=r$ である．yz 平面上の無限遠から，棒の中点から棒に垂直に 1 ［m］ 離れた点を通って原点に向かう直線状経路を考えると，電位 V は，

$$V=-\int_\infty^1 \boldsymbol{E}\cdot d\boldsymbol{r}=-\int_\infty^1 \frac{Q(0,\ y,\ z)}{2\pi\varepsilon_0\cdot(\sqrt{1^2+y^2+z^2})^3}\cdot\left(0,\ \frac{y}{\sqrt{y^2+z^2}},\ \frac{z}{\sqrt{y^2+z^2}}\right)dr$$

$$=-\int_\infty^1 \frac{Q\sqrt{y^2+z^2}}{2\pi\varepsilon_0\cdot(\sqrt{1^2+y^2+z^2})^3}\,dr=-\int_\infty^1 \frac{Qr}{2\pi\varepsilon_0\cdot(1+r^2)^{\frac{3}{2}}}\,dr$$

$$=\left[\frac{Q}{2\pi\varepsilon_0\cdot(1+r^2)^{\frac{1}{2}}}\right]_\infty^1=\frac{(\sqrt{2})Q}{4\pi\varepsilon_0}$$

となる．

6.3　積分を動径方向に行うと，

$$r>a\text{で，}\ \phi(\boldsymbol{r})=-\int_\infty^r \frac{Q}{4\pi\varepsilon_0 r^2}\,dr=\left[\frac{Q}{4\pi\varepsilon_0 r}\right]_\infty^r=\frac{Q}{4\pi\varepsilon_0 r}$$

$$r\leq a\text{で，}\ \phi(\boldsymbol{r})=-\int_\infty^a \frac{Q}{4\pi\varepsilon_0 r^2}dr+\left(-\int_a^r \frac{Q}{4\pi\varepsilon_0 a^3}\,rdr\right)$$

$$=\frac{Q}{4\pi\varepsilon_0 a}-\left[\frac{Q}{4\pi\varepsilon_0 a^3}\cdot\frac{r^2}{2}\right]_a^r=\frac{Q}{4\pi\varepsilon_0}\left(\frac{1}{a}+\frac{a^2-r^2}{2a^3}\right)$$

6.4

(1)　ガウスの法則（積分形）より，

$$a<r\text{で，}\qquad \boldsymbol{E}(\boldsymbol{r})=\frac{Q}{4\pi\varepsilon_0}\cdot\frac{\boldsymbol{r}}{|\boldsymbol{r}|^3}$$

$$a\leq r\leq b\text{で，}\ \boldsymbol{E}(\boldsymbol{r})=\frac{Q(|\boldsymbol{r}|^3-a^3)}{4\pi\varepsilon_0(b^3-a^3)}\cdot\frac{\boldsymbol{r}}{|\boldsymbol{r}|^3}$$

$$0\leq r<a\text{で，}\ \boldsymbol{E}(\boldsymbol{r})=\boldsymbol{0}$$

(2)　球殻の外側（$|\boldsymbol{r}|=r=b$ の位置）の電位 E_b は，積分を動径方向に行うと，

$$E_b=-\int_\infty^b \frac{Q}{4\pi\varepsilon_0 r^2}\,dr=\frac{Q}{4\pi\varepsilon_0 b}$$

(3)　球殻の内側（$|\boldsymbol{r}|=r=a$ の位置）の電位 E_a は，積分を動径方向に行うと，

$$E_a=E_b-\int_b^a \frac{Q(r^3-a^3)}{4\pi\varepsilon_0(b^3-a^3)r^2}\,dr=\frac{Q}{4\pi\varepsilon_0 b}-\frac{Q}{4\pi\varepsilon_0(b^3-a^3)}\int_b^a \frac{r^3-a^3}{r^2}\,dr$$

$$=\frac{Q}{4\pi\varepsilon_0 b}-\frac{Q}{4\pi\varepsilon_0(b^3-a^3)}\left[\frac{r^2}{2}+\frac{a^3}{r}\right]_b^a=\frac{3(a+b)Q}{8\pi\varepsilon_0(a^2+ab+b^2)}$$

6.5　$\boldsymbol{r}=(x,\ y,\ z)$とおくと，点 P での電位 $\phi(\boldsymbol{r})$ は，

$$r>a\text{ で，}\ \phi(\boldsymbol{r})=\frac{Q}{4\pi\varepsilon_0}\cdot\frac{1}{\sqrt{x^2+y^2+z^2}}$$

$$r\leq a\text{ で，}\ \phi(\boldsymbol{r})=\frac{Q}{4\pi\varepsilon_0}\cdot\frac{1}{a}$$

と書ける．たとえば，

$$\frac{\partial\phi(\boldsymbol{r})}{\partial x}=\frac{\partial}{\partial x}\left(\frac{Q}{4\pi\varepsilon_0}\cdot\frac{1}{\sqrt{x^2+y^2+z^2}}\right)=\frac{Q}{4\pi\varepsilon_0}\cdot\left(-\frac{1}{2}\right)\cdot\frac{2x}{(x^2+y^2+z^2)^{\frac{3}{2}}}$$

$$=-\frac{Q}{4\pi\varepsilon_0}\cdot\frac{x}{(x^2+y^2+z^2)^{\frac{3}{2}}}=-\frac{Q}{4\pi\varepsilon_0}\cdot\frac{x}{r^3}$$

となるから，

$$r>a\text{ で，}\ \boldsymbol{E}(\boldsymbol{r})=-\mathrm{grad}\,\phi(\boldsymbol{r})=\frac{Q}{4\pi\varepsilon_0 r^2}\cdot\frac{\boldsymbol{r}}{r}$$

となる．また，$r\leq a$ では $\phi(\boldsymbol{r})$ は定数であるから，$\boldsymbol{E}(\boldsymbol{r})=\boldsymbol{0}$ となる．

第7講

問 7.4　$4\pi\varepsilon_0\times5=5.56\times10^{-10}$ [F]

問 7.5　$\dfrac{\varepsilon_0 S}{d}V=\dfrac{8.854\times10^{-12}\times100\times10^{-2}}{1\times10^{-3}}\times1000=8.854\times10^{-6}$ [C]

問 7.6　4

問 7.7　(1)　10^{-5} [F]

(2)　20 [V]

問 7.8　ガウスの法則より，$\displaystyle\int_S\boldsymbol{E}\cdot d\boldsymbol{S}=\frac{Q}{\varepsilon_0}$

したがって，$\displaystyle Q=\varepsilon_0\int_S\boldsymbol{E}\cdot d\boldsymbol{S}=\int_S\varepsilon_0\boldsymbol{E}\cdot d\boldsymbol{S}=\int_S\boldsymbol{D}\cdot d\boldsymbol{S}$

練習問題

7.1　導体の性質から，導体の内側表面は等電位である．もし導体で囲まれた領域に，導体の内側表面と同じ電位でない部分があるとすると，どこかに電位の極大または極小があることになる．ところが，電位の極大または極小となる点を囲む小さな閉曲面 S に対してガウスの法則（積分形）を適用すると，極大の場合には $\int_S\boldsymbol{E}\cdot d\boldsymbol{S}>0$，極小の場合には $\int_S\boldsymbol{E}\cdot d\boldsymbol{S}<0$ となり，その点に電荷が存在することとなる．これは矛盾である．したがって，導体で囲まれた領域は，導体の内側表面と同じ電位である．すなわち，導体で囲まれた領域の電位は等しい．

7.2　導体内側表面の電荷の総和を Q_1 とする．点電荷 Q を囲む導体の中を通る閉曲面 S に対してガウスの法則（積分形）を適用すると，導体内部には電界はないから，

$$\frac{Q+Q_1}{\varepsilon_0}=\int_S\mathbf{E}\cdot d\mathbf{S}=\int_S\mathbf{0}\cdot d\mathbf{S}=0$$

となる．したがって，$Q_1=-Q$.

7.3

(1) 内球の中心から r での電界は球対称である．また，電界の強さ $E(r)$ は，導体球殻の中心を中心として半径 r（$a<r<b$）の球状の閉曲面に対してガウスの法則（積分形）を適用して，

$$4\pi\varepsilon_0 r^2 E(r)=Q$$

から，

$$E(r)=\frac{Q}{4\pi\varepsilon_0 r^2}$$

となる．

(2) 動径方向に積分経路をとると，電位差 V は，

$$V=\left|-\int_a^b \frac{Q}{4\pi\varepsilon_0 r^2}dr\right|=\left|\left[\frac{Q}{4\pi\varepsilon_0 r}\right]_a^b\right|=\left|\frac{Q}{4\pi\varepsilon_0}\left(\frac{1}{b}-\frac{1}{a}\right)\right|=\frac{Q}{4\pi\varepsilon_0}\cdot\frac{b-a}{ab}$$

となる．

(3) 静電容量 C は，

$$C=\frac{Q}{V}=4\pi\varepsilon_0\cdot\frac{ab}{b-a}$$

となる．

7.4

(1) 円筒形導体の軸から r での電界は軸対称であり，軸に垂直である．また，電界の強さ $E(r)$ は，円筒形導体の軸を軸として半径 r（$a<r<b$），長さ 1 の円柱状の閉曲面に対してガウスの法則（積分形）を適用して，

$$2\pi\varepsilon_0 r E(r)=\lambda$$

から，

$$E(r)=\frac{\lambda}{2\pi\varepsilon_0 r}$$

となる．

(2) 電位差 V は，

$$V=\left|-\int_a^b \frac{\lambda}{2\pi\varepsilon_0 r}dr\right|=\left|\left[\frac{-\lambda}{2\pi\varepsilon_0}\ln r\right]_a^b\right|=\frac{\lambda}{2\pi\varepsilon_0}\ln\frac{b}{a}$$

となる．

(3) 静電容量 C は，

$$C=\frac{\lambda}{V}=\frac{2\pi\varepsilon_0}{\ln\dfrac{b}{a}}$$

となる．

第8講

問 8.1　$W=\dfrac{Q^2}{2C}=\dfrac{(5.0\times10^{-1})^2}{2\times1.0\times10^{-6}}=1.3\times10^5\,[\mathrm{J}]$

問 8.2　$V=\sqrt{\dfrac{2W}{C}}=\sqrt{\dfrac{2\times1.0\times10^3}{8.0\times10\times10^{-6}}}=5.0\times10^3\,[\mathrm{V}]$

問 8.3　$U=\displaystyle\int\frac{1}{2}\varepsilon_0\left(\frac{Q}{4\,\pi\varepsilon_0 r^2}\right)^2 dV=\int_a^b\frac{1}{2}\varepsilon_0\left(\frac{Q}{4\,\pi\varepsilon_0 r^2}\right)^2 4\,\pi r^2 dr=\frac{Q^2}{8\,\pi\varepsilon_0}\left(\frac{1}{a}-\frac{1}{b}\right)$

練習問題

8.1　最初，内球には電荷がなかったとする．この状態で，電荷 ΔQ を外側球殻の内側表面から，内球に運ぶのに必要な仕事 W_1 は 0 である．次に，内球に電荷 ΔQ があるとすると，この電荷によって内球と外球の間（$a<r<b$）の電界の大きさ $E_1(r)$ は，ガウスの法則（積分形）により，

$$E_1(r)=\frac{\Delta Q}{4\pi\varepsilon_0 r^2}$$

となる．この電界に逆らって，電荷 ΔQ を外側球殻の内側表面から，内球に運ぶのに必要な仕事 W_2 は，

$$W_2=-\int_b^a\Delta Q\cdot\frac{\Delta Q}{4\pi\varepsilon_0 r^2}dr=\frac{\Delta Q^2}{4\pi\varepsilon_0}\left(\frac{1}{a}-\frac{1}{b}\right)$$

となる．内球に電荷 $(i-1)\Delta Q$ があるとすると，この電荷によって内球と外球の間（$a<r<b$）の電界の大きさ $E_{i-1}(r)$ は，ガウスの法則（積分形）により，

$$E_{i-1}(r)=\frac{(i-1)\Delta Q}{4\pi\varepsilon_0 r^2}$$

となる．この電界に逆らって，電荷 ΔQ を外側球殻の内側表面から，内球に運ぶのに必要な仕事 W_i は，

$$W_i=-\int_b^a\Delta Q\cdot\frac{(i-1)\Delta Q}{4\pi\varepsilon_0 r^2}dr=\frac{(i-1)\Delta Q^2}{4\pi\varepsilon_0}\left(\frac{1}{a}-\frac{1}{b}\right)$$

となる．したがって，電荷を Q だけ，外側球殻の内側表面から内球に運ぶのに必要な仕事 W は，

$$W=\sum_{i=1}^{n}W_i=\sum_{i=1}^{n}\frac{(i-1)\Delta Q^2}{4\pi\varepsilon_0}\left(\frac{1}{a}-\frac{1}{b}\right)=\frac{(n-1)n}{2}\cdot\frac{\Delta Q^2}{4\pi\varepsilon_0}\left(\frac{1}{a}-\frac{1}{b}\right)$$

となる．$n\Delta Q=Q$ を満たしながら $\Delta Q\to0$ とすると，

$$W\to\frac{Q^2}{8\pi\varepsilon_0}\left(\frac{1}{a}-\frac{1}{b}\right)$$

となり，この仕事が静電エネルギーとして同心球コンデンサに蓄えられる．

8.2　平行板コンデンサの電極間の電界の大きさ E は，

$$E=\frac{Q}{\varepsilon_0 S}$$

であるから，静電エネルギー密度 u_e は，

$$u_e=\frac{1}{2}\varepsilon_0\left(\frac{Q}{\varepsilon_0 S}\right)^2=\frac{Q^2}{2\varepsilon_0 S^2}$$

となる．電界は電極間のみ存在して一定であるから，静電エネルギー U は，

$$U=u_e Sd=\frac{Q^2}{2\varepsilon_0 S^2}Sd=\frac{Q^2 d}{2\varepsilon_0 S}$$

となる．

8.3

(1) ガウスの法則（積分形）より，

$$4\pi\varepsilon r^2 E(r)=Q$$

から，

$$E(r)=\frac{Q}{4\pi\varepsilon r^2}$$

となる．

(2) ガウスの法則（積分形）より，

$$4\pi\varepsilon_0 r^2 E(r)=Q$$

から，

$$E(r)=\frac{Q}{4\pi\varepsilon_0 r^2}$$

となる．

(3) 球導体が持つ静電エネルギー U は，

$$\begin{aligned}U&=\int_a^b\frac{1}{2}\varepsilon\left(\frac{Q}{4\pi\varepsilon r^2}\right)^2 4\pi r^2 dr+\int_b^\infty\frac{1}{2}\varepsilon_0\left(\frac{Q}{4\pi\varepsilon_0 r^2}\right)^2 4\pi r^2 dr\\&=\frac{Q^2}{8\pi\varepsilon}\left(\frac{1}{a}-\frac{1}{b}\right)+\frac{Q^2}{8\pi\varepsilon_0 b}\end{aligned}$$

となる．

8.4　分銅を乗せた場合と電圧をかけた場合のどちらも，上板にかかる下向きの力の大きさは同じであることから，

$$mg=\frac{1}{2}\varepsilon_0\left(\frac{V}{d}\right)^2 S$$

が成り立つ．これから，

$$V=\sqrt{\frac{2d^2 mg}{\varepsilon_0 S}}$$

となる．

第9講

問 9.1　$\boldsymbol{H}=\dfrac{-Q_m}{4\pi\mu_0}\cdot\dfrac{\boldsymbol{r}}{|\boldsymbol{r}|^3}$

問 9.2　図 9.2 のように，地磁気は北極付近の S 極と南極付近の N 極を結ぶ曲線として存在しており，水平方向に対する角度は緯度によって異なっているから．

問 9.3　$\phi_m=\dfrac{Q_m}{4\pi\mu_0|\boldsymbol{r}|}$

練習問題

9.1　合力の向きは，図のように上向きとなる．

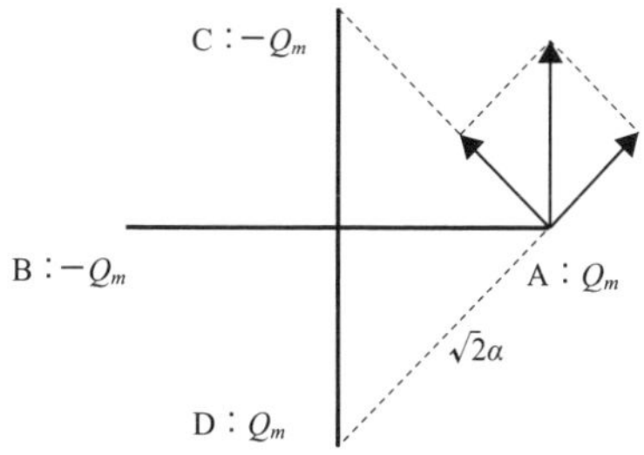

また，クーロンの法則より合力の大きさ F は，

$$F=\frac{Q_m{}^2}{4\pi\mu_0(\sqrt{2}a)^2}\cdot\frac{\sqrt{2}}{2}\cdot 2=\frac{\sqrt{2}Q_m{}^2}{8\pi\mu_0 a^2}$$

9.2

(1) 磁界は棒磁石に平行となり，その大きさ H は，

$$H=\frac{Q_m}{4\pi\mu_0\left(\dfrac{l^2}{4}+d^2\right)}\cdot\frac{\dfrac{l}{2}}{\sqrt{\dfrac{l^2}{4}+d^2}}\cdot 2=\frac{Q_m l}{4\pi\mu_0\left(\dfrac{l^2}{4}+d^2\right)^{\frac{3}{2}}}$$

となる．

(2) 棒磁石の長さが微小である場合には，$l^2/4$ が d^2 に比べて小さいので，磁界の大きさ H は，

$$H=\frac{Q_m l}{4\pi\mu_0 d^3}$$

となる．

第 10 講

問 10.1　省略（ヒント：どんな原理で動作し，脳神経活動の何が計測でき，どのような性能のものが開発されているか，などを調べよ．）

問 10.2　$H=\dfrac{2\pi}{2\pi\cdot 2}=0.5\,[\mathrm{A/m}]$

問 10.3　$H=2\cdot\dfrac{\pi}{2\pi\cdot 1}=1.0\,[\mathrm{A/m}]$

問 10.4　$H=\left(-\dfrac{I}{2\pi R},\ 0,\ 0\right)$

問 10.5　300 [A/m]

練習問題

10.1　対称性から，磁界 $\boldsymbol{H}$ は円柱状物体に垂直な平面内において同心円状で，右ネジの法則に従った向きとなる．この平面内において，円柱状物体の軸を中心として半径 r の円の周 C に沿ってアンペールの法則（積分形）を適用すると，

$$r>a>0 \text{ のとき，} \int_C \boldsymbol{H}\cdot d\boldsymbol{s}=2\pi rH=I$$

$$r\leq a \text{ のとき，} \int_C \boldsymbol{H}\cdot d\boldsymbol{s}=2\pi rH=\frac{\pi r^2}{\pi a^2}I=\frac{Ir^2}{a^2}$$

となる．ここで，$|\boldsymbol{H}|=H$ である．したがって，磁界の大きさ H は，

$$r>a>0 \text{ のとき，} H=\frac{I}{2\pi r}$$

$$r\leq a \text{ のとき，} H=\frac{Ir}{2\pi a^2}$$

となる．

10.2　対称性から，磁界 $\boldsymbol{H}$ は円管に垂直な平面内において同心円状で，右ネジの法則に従った向きとなる．この平面内において，円管の軸を中心として半径 r の円の周 C に沿ってアンペールの法則（積分形）を適用すると，

$$0<r<a \text{ のとき，} \int_C \boldsymbol{H}\cdot d\boldsymbol{s}=2\pi rH=0$$

$$a\leq r\leq b \text{ のとき，} \int_C \boldsymbol{H}\cdot d\boldsymbol{s}=2\pi rH=\frac{\pi(r^2-a^2)}{\pi(b^2-a^2)}I=\frac{I(r^2-a^2)}{(b^2-a^2)}$$

$$b<r \text{ のとき，} \int_C \boldsymbol{H}\cdot d\boldsymbol{s}=2\pi rH=I$$

となる．ここで，$|\boldsymbol{H}|=H$ である．したがって，磁界の大きさ H は，

$$0<r<a \text{ のとき，} H=0$$

$$a\leq r\leq b \text{ のとき，} H=\frac{I(r^2-a^2)}{2\pi r(b^2-a^2)}$$

$$b<r \text{ のとき，} H=\frac{I}{2\pi r}$$

となる．

10.3　対称性から，磁界 $\boldsymbol{H}$ は円管状導体に垂直な平面内において同心円状で，右ネジの法則に従った向きとなる．この平面内において，円管状導体の軸を中心として半径 r の円の周 C に沿ってアンペールの法則（積分形）を適用すると，

$$0<r<a \text{ のとき，} \int_C \boldsymbol{H}\cdot d\boldsymbol{s}=2\pi rH=I$$

$$a\leq r \text{ のとき，} \int_C \boldsymbol{H}\cdot d\boldsymbol{s}=2\pi rH=I-I=0$$

となる．ここで，$|\boldsymbol{H}|=H$ である．したがって，磁界の大きさ H は，

$$0<r<a \text{ のとき，} H=\frac{I}{2\pi r}$$

$$a \leq r \text{ のとき，} \qquad H=0$$

となる．

第 11 講

問 11.1　(1)　$|\boldsymbol{L}|=-2$

(2)　$|\boldsymbol{M}|=0$

(3)　$|\boldsymbol{N}|=0$

問 11.2

$$\boldsymbol{B}=\mathrm{rot}\boldsymbol{A}=\boldsymbol{i}\frac{\partial}{\partial y}A_z+\boldsymbol{j}\frac{\partial}{\partial z}A_x+\boldsymbol{k}\frac{\partial}{\partial x}A_y-\boldsymbol{i}\frac{\partial}{\partial z}A_y-\boldsymbol{j}\frac{\partial}{\partial x}A_z-\boldsymbol{k}\frac{\partial}{\partial y}A_x$$

$$=\left(\frac{\partial}{\partial y}A_z-\frac{\partial}{\partial z}A_y,\ \ \frac{\partial}{\partial z}A_x-\frac{\partial}{\partial x}A_z,\ \ \frac{\partial}{\partial x}A_y-\frac{\partial}{\partial y}A_x\right)$$

問 11.3

(1)　$\mathrm{rot}\,\boldsymbol{A}=(0,\ 0,\ 0)$　　(2)　$\mathrm{rot}\,\boldsymbol{B}=(0,\ 0,\ -1)$　　(3)　$\mathrm{rot}\,\boldsymbol{C}=(0,\ 0,\ 2)$

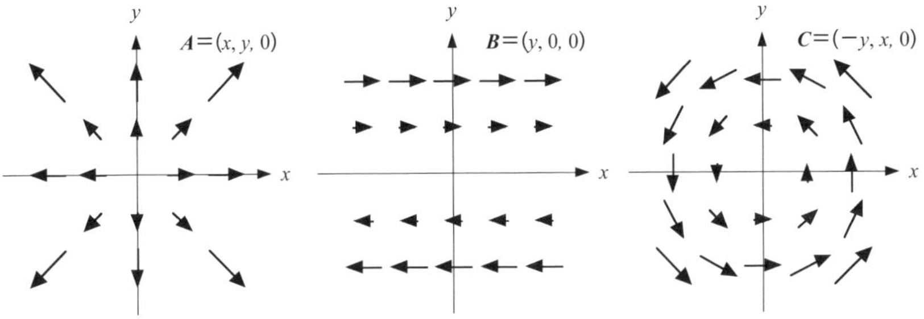

問 11.4　$\mathrm{rot}\,\boldsymbol{D}=(0,\ 0,\ y^2+2y)$

問 11.5

$$\boldsymbol{A}\times\boldsymbol{B}=\begin{vmatrix}\boldsymbol{i} & \boldsymbol{j} & \boldsymbol{k}\\ A_x & A_y & A_z\\ B_x & B_y & B_z\end{vmatrix}=\boldsymbol{i}(A_yB_z-A_zB_y)+\boldsymbol{j}(A_zB_x-A_xB_z)+\boldsymbol{k}(A_xB_y-A_yB_x)$$

問 11.6　$\boldsymbol{B}\times\boldsymbol{A}=\boldsymbol{i}(B_yA_z-B_zA_y)+\boldsymbol{j}(B_zA_x-B_xA_z)+\boldsymbol{k}(B_xA_y-B_yA_x)=-\boldsymbol{A}\times\boldsymbol{B}$

問 11.7　(1)　$\boldsymbol{A}\times\boldsymbol{B}=(0,\ 0,\ 1)$

(2)　$\boldsymbol{A}\times\boldsymbol{B}=(-1,\ 1,\ 1)$

(3)　$\boldsymbol{A}\times\boldsymbol{B}=(-1,\ 1,\ 3)$

問 11.8　(1)　$\dfrac{\sqrt{2}}{R^2}$

(2)　$\dfrac{\sqrt{3}+\sqrt{2}}{2R^2}$

練習問題

11.1　$0<|\boldsymbol{p}|$ において，磁界の x, y, z のそれぞれの成分 H_x, H_y, H_z は，

$$H_x=\frac{1}{2\pi}\cdot\frac{I}{x^2+y^2}\cdot(-y),\ H_y=\frac{1}{2\pi}\cdot\frac{I}{x^2+y^2}\cdot x,\ H_z=0$$

となっている．アンペールの法則（微分形）により，$0<|\boldsymbol{p}|$ における電流密度ベクトル $\boldsymbol{i}$ の x, y, z のそれぞれの成分 i_x, i_y, i_z は，

$$i_x=0,\ i_y=0,$$

$$i_z=\frac{1}{2\pi}\left\{\frac{I}{x^2+y^2}-\frac{I}{(x^2+y^2)^2}\cdot(2x^2)\right\}-\frac{1}{2\pi}\left\{-\frac{I}{x^2+y^2}+\frac{I}{(x^2+y^2)^2}\cdot(-2y^2)\right\}=0$$

となり，$0<|\boldsymbol{p}|$ では電流密度ベクトルは $\mathbf{0}$ である．

一方，z 軸上（$0=|\boldsymbol{p}|$）での電流の大きさ I_0 は，半径 $r=\sqrt{x^2+y^2}$ の円状の閉曲線 C とそれによって囲まれる曲面 S に対してアンペールの法則（積分形）を適用して，

$$\int_S \boldsymbol{i}\cdot\boldsymbol{n}dS=I_0=\int_C \boldsymbol{H}\cdot d\boldsymbol{s}=\int_C\sqrt{H_x^2+H_y^2+H_z^2}\,ds=\int_C\frac{I}{2\pi\sqrt{x^2+y^2}}ds=I$$

より $I_0=I$ となる．したがって，$\boldsymbol{i}=(0, 0, I)$ となる．

11.2　磁界 $d\boldsymbol{H}$ の大きさ dH は，ビオ-サバールの法則より，

$$dH=\frac{1}{4\pi}\cdot\frac{|Id\boldsymbol{z}|\cdot\sqrt{R^2+z^2}\cdot\sin\theta}{(\sqrt{R^2+z^2})^3}=\frac{1}{4\pi}\cdot\frac{Idz\cdot R}{(\sqrt{R^2+z^2})^3}$$

となる．したがって，線分状の電流全体が位置 Q につくる磁界 $\boldsymbol{H}$ の大きさ H は，dH を線分全体にわたって積分して，

$$H=\int_{-R}^{R}\frac{1}{4\pi}\cdot\frac{IR}{\sqrt{(R^2+z^2)^3}}dz=\frac{IR}{4\pi}\int_{-R}^{R}\frac{1}{(\sqrt{R^2+z^2})^3}dz$$

で求まるが，

$$\int_{-R}^{R}\frac{1}{(\sqrt{R^2+z^2})^3}dz=\frac{\sqrt{2}}{R^2}$$

であるから，

$$H=\frac{\sqrt{2}I}{4\pi R}$$

となる．

第 12 講

問 12.1

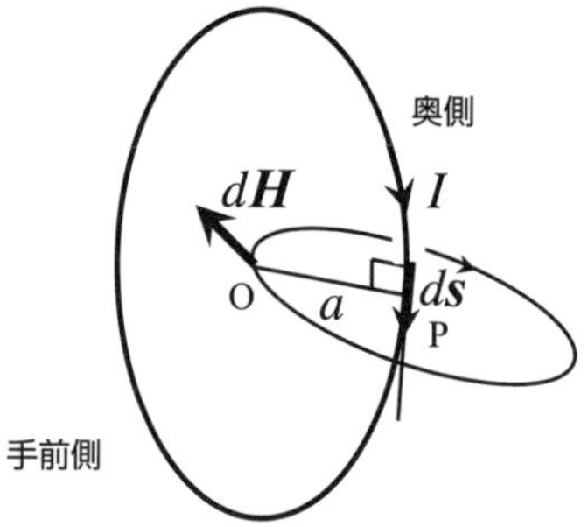

問 12.2

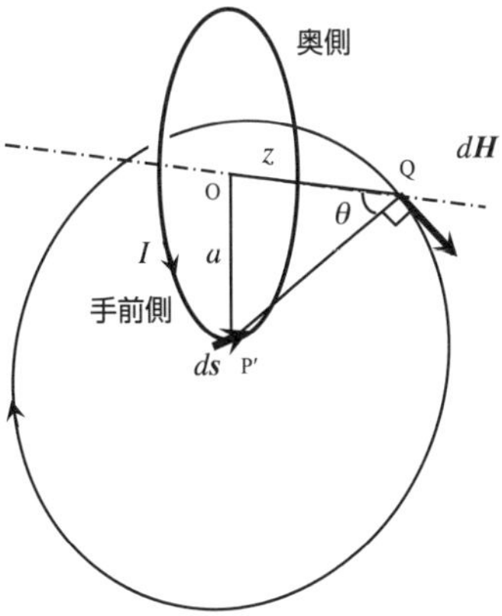

(a)　少し斜めから見た図

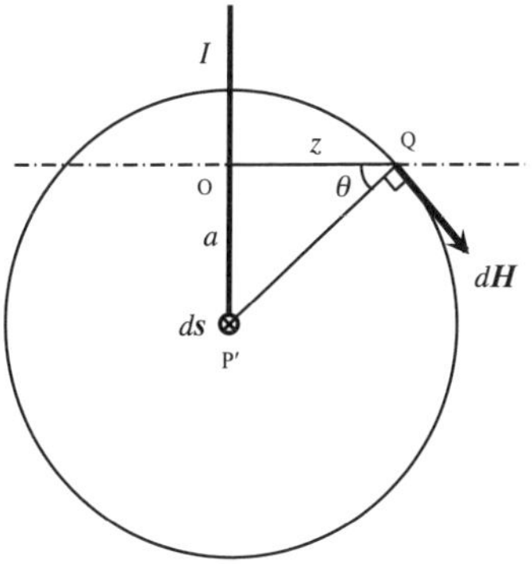

(a)　真横から見た図

練習問題

12.1

(1)　ビオ-サバールの法則より，微小電流ベクトルが点 P につくる磁界 $\Delta\boldsymbol{H}_{\mathrm{P}}$ は，

$$\Delta\boldsymbol{H}_{\mathrm{P}}=\frac{1}{4\pi}\cdot\frac{I(0,0,dz)\times(0,a,-z)}{(a^2+z^2)^{3/2}}$$

$$=\frac{I}{4\pi(a^2+z^2)^{3/2}}\cdot(-a dz,0,0)$$

となる．

(2)　点 P での磁界 $\boldsymbol{H}_{\mathrm{P}}$ は，

$$\boldsymbol{H}_{\mathrm{P}}=\int\Delta\boldsymbol{H}_{\mathrm{P}}=\int_{-\sqrt{3}a}^{a}\frac{I}{4\pi(a^2+z^2)^{3/2}}\cdot(-a dz,0,0)$$

であるから，その y と z の成分は 0 であり，x 成分は

$$\boldsymbol{H}_{\mathrm{P}x}=\int_{-\sqrt{3}a}^{a}\frac{-aI}{4\pi(a^2+z^2)^{3/2}}dz=-\frac{\sqrt{3}+\sqrt{2}}{8\pi a}I$$

となる．

12.2　例題 12.3 を参考にして，磁界の大きさ H は，

$$H=\frac{Ia^2}{2\left((d+x)^2+a^2\right)^{3/2}}+\frac{Ia^2}{2\left((d-x)^2+a^2\right)^{3/2}}$$

12.3　長方形の単巻コイルの長さ $2a$ の片方の辺を z 軸の $-a$ から a に一致させ，電流は z 軸の正の方向に流れているとする．するとこの電流により，z 軸から b だけ離れた xy 平面上の点（コイルの対角線の交点）での磁界の大きさ H_1 は，$z=b\tan\varphi$ とおいて，

$$H_1=\int_{-a}^{a}\frac{1}{4\pi}\cdot\frac{Ib}{\left(\sqrt{b^2+z^2}\right)^3}dz=\int_{-\varphi_1}^{\varphi_1}\frac{Ib}{4\pi}\cdot\frac{\cos^3\varphi}{b^3}\cdot\frac{b}{\cos^2\varphi}d\varphi$$

$$=\left[\frac{1}{4\pi b}\sin\varphi\right]_{-\varphi_1}^{\varphi_1}=\frac{1}{2\pi b}\cdot\frac{a}{\sqrt{a^2+b^2}}$$

となる．ここで，$\tan\varphi_1=a/b$ である．また，もう一方の長さ $2a$ の辺がコイルの対角線の交点につくる磁界の大きさは，同様にして，

$$\frac{I}{2\pi b}\cdot\frac{a}{\sqrt{a^2+b^2}}$$

と求まる．また，長さ $2b$ の 2 つの辺がコイルの対角線の交点につくる磁界の大きさは，同様にして，それぞれ

$$\frac{I}{2\pi a}\cdot\frac{b}{\sqrt{a^2+b^2}}$$

となる．これらの磁界はすべて方向が同じであるから，結局，単巻コイルがつくる対角線の交点での磁界の大きさ H は，

$$H=2\cdot\frac{I}{2\pi b}\cdot\frac{a}{\sqrt{a^2+b^2}}+2\cdot\frac{I}{2\pi a}\cdot\frac{b}{\sqrt{a^2+b^2}}=\frac{\sqrt{a^2+b^2}}{\pi ab}\cdot I$$

となる．

12.4 半無限長の直線状導線部分を流れている電流は，中心 O には磁界をつくらない．半円形導線部分 C_1 の微小電流要素ベクトル $I d\boldsymbol{s}$ が中心 O につくる磁界 $d\boldsymbol{H}$ の大きさ dH は，ビオ-サバールの法則を適用すると，

$$dH=\frac{1}{4\pi}\cdot\frac{|Id\boldsymbol{s}|\cdot a\cdot\sin\dfrac{\pi}{2}}{a^3}=\frac{1}{4\pi}\cdot\frac{Ids}{a^2}$$

となる．したがって，半円形導線部分 C_1 が中心 O につくる磁界の大きさ H は，dH を C_1 に沿って積分すれば求まり，$ds=ad\varphi$ とおいて，

$$H=\int_{C_1}dH=\int_{C_1}\frac{1}{4\pi}\cdot\frac{Ids}{a^2}=\int_0^{\pi}\frac{1}{4\pi}\cdot\frac{I}{a}d\varphi=\frac{I}{4a}$$

となる．

12.5

(1) 正三角形の中心は，各辺から $(\sqrt{3}/6)a$ だけ離れている．正三角形の一辺を z 軸に一致させ，正三角形の中心の座標を $((\sqrt{3}/6)a, 0, 0)$ とし，電流は z 軸上の $-(a/2)$ から $a/2$ に流れているとする．すると，正三角形のこの辺に流れる電流が中心につくる磁界 $\boldsymbol{H}_1$ は，

$$\boldsymbol{H}_1=\int_{-\frac{a}{2}}^{\frac{a}{2}}\frac{1}{4\pi}\cdot\frac{I\cdot(0,0,1)\times\left(\dfrac{\sqrt{3}}{6}a,0,-z\right)}{\left(\sqrt{\dfrac{3}{36}a^2+z^2}\right)^3}dz$$

$$=\int_{-\frac{a}{2}}^{\frac{a}{2}}\frac{1}{4\pi}\cdot\frac{I\cdot\left(0,\dfrac{\sqrt{3}}{6}a,0\right)}{\left(\sqrt{\dfrac{3}{36}a^2+z^2}\right)^3}dz$$

となるから，磁界 $\boldsymbol{H}_1$ は y 軸の正の方向となる．その大きさ H_1 は，$z=\dfrac{a}{2\sqrt{3}}\tan\varphi$ とおいて，

$$H_1=\int_{-\frac{a}{2}}^{\frac{a}{2}}\frac{1}{4\pi}\cdot\frac{I\cdot\frac{\sqrt{3}}{6}a}{\left(\sqrt{\frac{3}{36}a^2+z^2}\right)^3}dz=\frac{I}{4\pi\cdot\frac{\sqrt{3}}{6}a}\int_{-\frac{\pi}{3}}^{\frac{\pi}{3}}\cos\varphi d\varphi=\frac{3I}{2\pi a}$$

となる．正三角形状の1回巻きコイルであるから，中心の磁界の大きさ H は，

$$H=3H_1=\frac{9I}{2\pi a}$$

となる．

(2) 図のように，正三角形の1辺を z 軸に一致させ，正三角形の中心の座標を $((\sqrt{3}/6)a, 0, 0)$ とし，電流は z 軸上の $-(a/2)$ から $a/2$ に流れているとする．このとき，正三角形の中心軸は y 軸に平行となる．

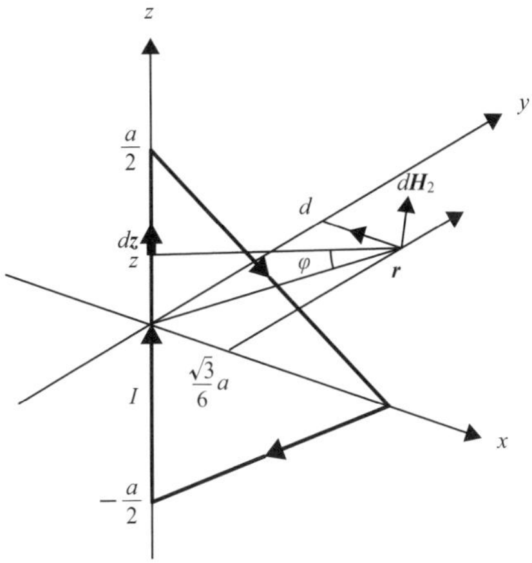

正三角形のこの辺に流れる電流が中心軸上で中心から y 軸の正の方向に d だけ離れた点につくる磁界 $\boldsymbol{H}_2$ は，

$$\boldsymbol{H}_2=\int_{-\frac{a}{2}}^{\frac{a}{2}}\frac{1}{4\pi}\cdot\frac{I(0,0,1)\times\left(\frac{\sqrt{3}}{6}a, d, -z\right)}{\left(\sqrt{\frac{1}{12}a^2+d^2+z^2}\right)^3}dz$$

$$=\int_{-\frac{a}{2}}^{\frac{a}{2}}\frac{1}{4\pi}\cdot\frac{I\left(-d, \frac{\sqrt{3}}{6}a, 0\right)}{\left(\sqrt{\frac{1}{12}a^2+d^2+z^2}\right)^3}dz$$

となる．磁界 $\boldsymbol{H}_2$ の大きさ H_2 は，$z=\sqrt{(1/12)a^2+d^2}\tan\varphi$ とおいて，

$$H_2=\int_{-\frac{a}{2}}^{\frac{a}{2}}\frac{1}{4\pi}\cdot\frac{I\cdot\sqrt{\frac{1}{12}a^2+d^2}}{\left(\sqrt{\frac{1}{12}a^2+d^2+z^2}\right)^3}dz$$

$$=\frac{I}{4\pi\cdot\sqrt{\frac{1}{12}a^2+d^2}}\int_{-\varphi_1}^{\varphi_1}\cos\varphi d\varphi=\frac{2I\sin\varphi_1}{4\pi\sqrt{\frac{1}{12}a^2+d^2}}$$

となる．ここで，

$$\sin\varphi_1=\frac{\frac{a}{2}}{\sqrt{\frac{1}{12}a^2+d^2+\left(\frac{a}{2}\right)^2}}$$

であるから，

$$H_2=\frac{Ia}{4\pi\sqrt{\frac{1}{12}a^2+d^2}\cdot\sqrt{\frac{a^2}{3}+d^2}}$$

となる．正三角形状の1回巻きコイルであるから，他の2つの辺に流れる電流が中心軸上につくる磁界は，$\boldsymbol{H}_2$ を正三角形の中心の周りに $\pi/3$，$(2\pi)/3$ だけ回転させたものとなる．このことから，y 軸方向の成分は大きさも向きも同じとなるが，y 軸に垂直な平面内での成分は総和は $\mathbf{0}$ となる．したがって，中心の磁界の大きさ H は，

$$H=3H_2\frac{\frac{\sqrt{3}}{6}a}{\sqrt{\frac{1}{12}a^2+d^2}}=\frac{9Ia^2}{2\pi(a^2+12d^2)\sqrt{a^2+3d^2}}$$

となる．

第13講

問 13.1 (1) 電流 I_B が電流 I_A の位置につくる磁界は図 12.2 で下向きであるから，電流 I_A に働く力の方向は図 13.1 で右向き．

(2) 逆向きとなり，図で左向きとなる．大きさは変わらない．

(3) $f_{BA}=I_A\cdot\mu_0\dfrac{I_B}{2\pi r}=\dfrac{\mu_0 I_A I_B}{2\pi r}$

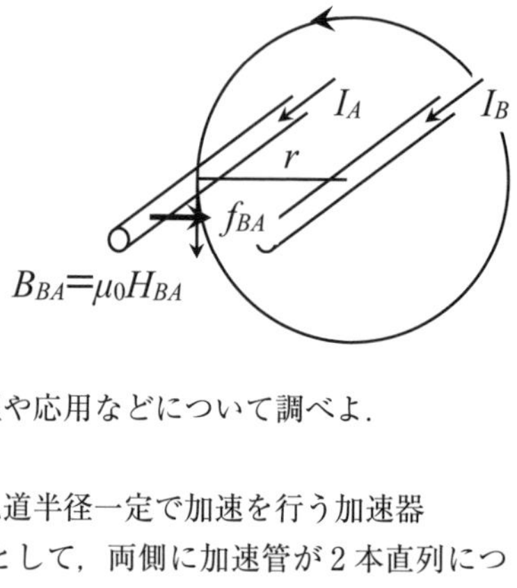

問 13.2 ここでは，意味などのみ示す．動作原理や応用などについて調べよ．

(1) 粒子を一直線上で加速する加速器

(2) 円形加速器の一種で，加速粒子の軌道半径一定で加速を行う加速器

(3) 正の高電圧に帯電した電極を中心として，両側に加速管が2本直列につ

ながった構成を持つ加速器

(4) サイクロトロン，ベータトロン，など

練習問題

13.1　導線に流れる電流 I_1 がつくる磁界によって，電流 I_2 が流れる正方形コイルの導線に平行な辺に力が働く．導線に近い辺には引力が，遠い辺には斥力が働くが，導線からの距離が異なるために，それらの合力の向きは引力の向きとなり，大きさ F は

$$F=\mu_0\frac{I_1}{2\pi d}\cdot I_2\cdot a-\mu_0\frac{I_1}{2\pi(d+a)}\cdot I_2\cdot a=\frac{\mu_0 a^2 I_1 I_2}{2\pi d(a+d)}$$

となる．

13.2　4本の導線は同じ方向に同じ大きさの電流 I が流れているから，各導線に働く力の合力の向きは，導線の位置から1辺が a の正方形の重心への向きとなる．また，単位長さ当たりの大きさ f は

$$f=\mu_0\frac{I^2}{2\pi\sqrt{2}a}+\mu_0\frac{I^2}{2\pi a}\cdot\frac{a}{\sqrt{2}a}\cdot 2=\frac{3\sqrt{2}\mu_0 I^2}{4\pi a}$$

となる．

13.3　半径 a の円形コイルがその中心につくる磁界の大きさは，$I/2a$ であるから，5回巻きでは $5I/2a$ である．この磁界により点磁極が受ける力の大きさ F は，

$$F=\frac{5IQ_m}{2a}$$

となる．作用反作用の法則により，円形コイルの受ける力の大きさは，$5IQ_m/2a$ となる．

13.4

(1) 電子が受ける力の大きさ f は，

$$f=e\cdot v_0\cdot\mu_0 H=\mu_0 eHv_0$$

となる．

(2) 電子は一様磁界内では等速円運動を行う．最初電極から垂直に電子が飛び出すから，円運動の半径 r よりも電極間隔が大きければ，電子は対極には到達しない．円運動の半径 r は，

$$f=\mu_0 eHv_0=\frac{m{v_0}^2}{r}$$

から，

$$r=\frac{mv_0}{\mu_0 eH}$$

となる．これから，電子が対極に到達しない条件は，

$$d>\frac{mv_0}{\mu_0 eH}$$

となる．

13.5　荷電粒子は $x>0$ では等速円運動を行う．円運動の半径 r は，

$$q\sqrt{2}\,v_0B=\frac{m(\sqrt{2}\,v_0)^2}{r}$$

から,

$$r=\frac{\sqrt{2}\,mv_0}{qB}$$

となる．したがって，円運動の周期 T は,

$$T=\frac{2\pi r}{\sqrt{2}\,v_0}=2\pi\cdot\frac{\sqrt{2}\,mv_0}{qB}\cdot\frac{1}{\sqrt{2}\,v_0}=\frac{2\pi m}{qB}$$

となる．荷電粒子の軌跡を考えて，$x>0$ の領域から出たときの速度と出るまでの時間は，それぞれ

$$(-v_0,\ \ v_0,\ \ 0),\ \ \frac{3}{4}T=\frac{3\pi m}{2qB}$$

となる．

第 14 講

問 14.1

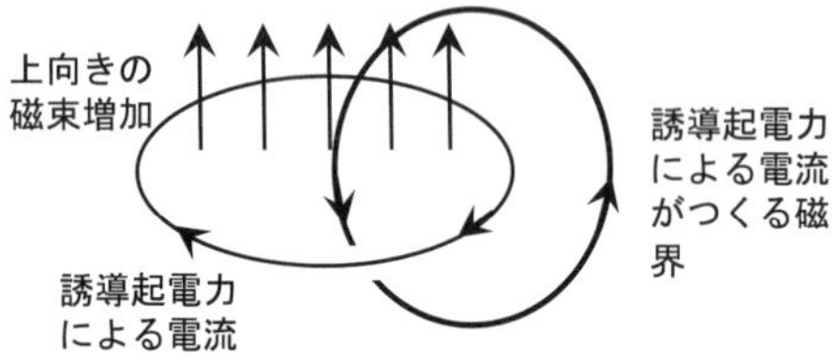

問 14.2

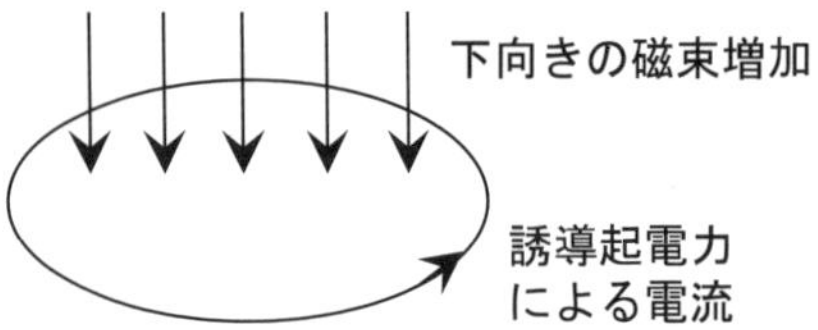

(1)

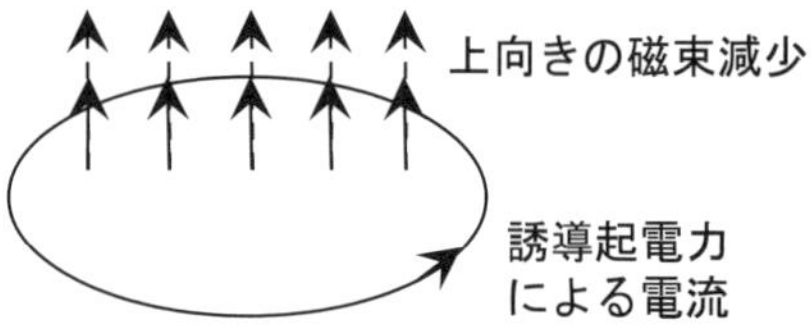

(2)

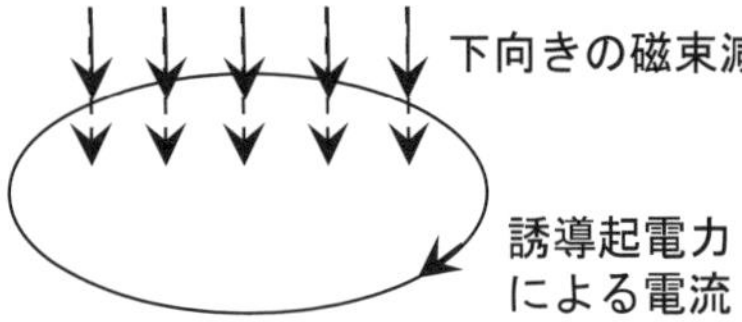

(3)

問 14.3 $V=\mu_0\omega H_0S\sin\omega t$

問 14.4 0.2 [V]

問 14.5　非接触式のブレーキであるから，摩擦による騒音や熱の発生がない．（ただし，渦電流によるジュール発熱はある．）また，接触部がないため，摩耗がなく長寿命が期待できる．

練習問題

14.1

(1) 上から下に流れてから流れなくなる．

(2) 上から下に流れ，次に下から上に流れ，それから流れなくなる．

(3) S 極を下に動かすときに電流は上から下に流れ，上に動かすときには電流は下から上に流れる．

(4) 電流は流れない．

14.2　円形ソレノイドを貫く磁束 ϕ の時間変化は，

$$\phi=\mu_0 H\cdot\pi r^2\cdot 1\cdot\sin\frac{\theta}{T}t$$

と表すことができる．ファラデーの法則より，誘導起電力 V は，

$$V=-\frac{d\phi}{dt}=-\frac{\mu_0\pi r^2 H\theta}{T}\cos\frac{\theta}{T}t$$

となる．

14.3　ソレノイドの中心の初期位置を $(x,\ 0,\ 0)$ とすると，ソレノイドを貫く磁束 ϕ の時間変化は，

$$\phi=b_0(x+vt)\cdot a^2\cdot 5$$

と表すことができる．ファラデーの法則より，誘導起電力 V は，

$$V=-\frac{d\phi}{dt}=-5a^2 b_0 v$$

となる．

第 15 講

問 15.1　物体を含む体積領域を V，物体の電荷密度を ρ とすると，物体以外に電荷は持っていないから，物体の全電荷 Q は

$$Q=\int_V \rho dV \tag{A.1}$$

と表される．また，物体を含む体積領域 V の表面からなる閉曲面 S を考えると，物体から流れ出る電流 I は，物体表面のある位置での電流密度を $\boldsymbol{i}$，閉曲面 S の面要素ベクトルを $d\boldsymbol{S}$ とすると，

$$I=\int_S \boldsymbol{i}\cdot d\boldsymbol{S} \tag{A.2}$$

と表される．電荷の保存則を表す（15.3）式より，

$$\int_S \boldsymbol{i}\cdot d\boldsymbol{S}+\frac{d}{dt}\int_V \rho dV=0 \tag{A.3}$$

となる．ここで，

$$\frac{d}{dt}\int_V \rho dV = \int_V \frac{\partial\rho}{\partial t} dV \tag{A.4}$$

であり，また，ガウスの発散定理より，

$$\int_S \boldsymbol{i}\cdot d\boldsymbol{S} = \int_V \mathrm{div}\boldsymbol{i} dV \tag{A.5}$$

であるから，

$$\int_V \mathrm{div}\boldsymbol{i} dV + \int_V \frac{\partial\rho}{\partial t} dV = \int_V \left(\mathrm{div}\boldsymbol{i} + \frac{\partial\rho}{\partial t}\right) dV = 0 \tag{A.6}$$

となり，体積領域 V は任意であるから，

$$\mathrm{div}\boldsymbol{i} = -\frac{\partial\rho}{\partial t} \tag{15.4}$$

が成り立つ．

問 15.2

$$\frac{\partial E_z}{\partial y} - \frac{\partial E_y}{\partial z} = -\frac{\partial E_y}{\partial z} = -\mu\frac{\partial H_x}{\partial t} \tag{15.19}$$

$$\frac{\partial H_x}{\partial z} - \frac{\partial H_z}{\partial x} = \frac{\partial H_x}{\partial z} = \varepsilon\frac{\partial E_y}{\partial t} \tag{15.23}$$

(15.19) 式の両辺を t で偏微分すると，

$$-\frac{\partial^2 E_y}{\partial t\partial z} = -\mu\frac{\partial^2 H_x}{\partial t^2} \tag{A.7}$$

また，(15.23) 式の両辺を z で偏微分すると，

$$\frac{\partial^2 H_x}{\partial z^2} = \varepsilon\frac{\partial^2 E_y}{\partial z\partial t} \tag{A.8}$$

(A.8) 式に (A.7) 式を代入すると，

$$\frac{\partial^2 H_x}{\partial z^2} = \varepsilon\mu\frac{\partial^2 H_x}{\partial t^2} \tag{A.9}$$

となり，

$$\left(\frac{\partial^2}{\partial t^2} - \frac{1}{\varepsilon\mu}\frac{\partial^2}{\partial z^2}\right)H_x = 0 \tag{15.32}$$

が得られる．

問 15.3 仮定を考慮して，(15.15) 式および (15.16) 式を成分で表現した式は，

$$\frac{\partial E_z}{\partial y} - \frac{\partial E_y}{\partial z} = -\frac{\partial E_y}{\partial z} = -\mu\frac{\partial H_x}{\partial t} \tag{15.19}$$

$$\frac{\partial E_x}{\partial z} - \frac{\partial E_z}{\partial x} = \frac{\partial E_x}{\partial z} = -\mu\frac{\partial H_y}{\partial t} \tag{15.20}$$

$$\frac{\partial E_y}{\partial x} - \frac{\partial E_x}{\partial y} = 0 = -\mu\frac{\partial H_z}{\partial t} \tag{15.21}$$

$$\frac{\partial H_z}{\partial y} - \frac{\partial H_y}{\partial z} = -\frac{\partial H_y}{\partial z} = \varepsilon\frac{\partial E_x}{\partial t} \tag{15.22}$$

$$\frac{\partial H_x}{\partial z} - \frac{\partial H_z}{\partial x} = \frac{\partial H_x}{\partial z} = \varepsilon\frac{\partial E_y}{\partial t} \tag{15.23}$$

$$\frac{\partial H_y}{\partial x}-\frac{\partial H_x}{\partial y}=0=\varepsilon\frac{\partial E_z}{\partial t} \tag{15.24}$$

となっている．

(15.20) 式の両辺を z で偏微分し，(15.22) 式の両辺を t で偏微分すると，

$$\frac{\partial^2 E_x}{\partial^2 z}=-\mu\frac{\partial^2 H_y}{\partial z\partial t} \tag{A.10}$$

$$-\frac{\partial^2 H_y}{\partial t\partial z}=\varepsilon\frac{\partial^2 E_x}{\partial t^2} \tag{A.11}$$

となり，これらから，

$$\left(\frac{\partial^2}{\partial t^2}-\frac{1}{\varepsilon\mu}\frac{\partial^2}{\partial z^2}\right)E_x=0 \tag{15.33}$$

が得られる．

一方，(15.20) 式の両辺を t で偏微分し，(15.22) 式の両辺を z で偏微分すると，

$$\frac{\partial^2 E_x}{\partial t\partial z}=-\mu\frac{\partial^2 H_y}{\partial t^2} \tag{A.12}$$

$$-\frac{\partial^2 H_y}{\partial^2 z}=\varepsilon\frac{\partial^2 E_x}{\partial z\partial t} \tag{A.13}$$

となり，これらから，

$$\left(\frac{\partial^2}{\partial t^2}-\frac{1}{\varepsilon\mu}\frac{\partial^2}{\partial z^2}\right)H_y=0 \tag{15.34}$$

が得られる．

問 15.4　$\varepsilon_0=8.854187817620\times10^{-12}$ [F/m]，$\mu_0=4\pi\times10^{-7}$ [H/m] を用いて，(15.37) 式を計算すると，$v=\dfrac{1}{\sqrt{\varepsilon_0\mu_0}}=2.99792458\times10^8$ [m/s] となる．また，単位については，

$$\frac{1}{\sqrt{\dfrac{[\mathrm{kg^{-1}\cdot m^{-2}\cdot A^2\cdot s^4}]}{[\mathrm{m}]}\cdot\dfrac{[\mathrm{kg\cdot m^2\cdot A^{-2}\cdot s^{-2}}]}{[\mathrm{m}]}}}=[\mathrm{m/s}]$$

となる．なお，実は真空の誘電率は，光速を c として，$\varepsilon_0=1/(\mu_0c^2)$ で定義されているので，計算した値が光速と一致するのは当然である．しかしながら，実際にはマクスウェルは，真空の誘電率や透磁率の当時の推定値 ($\varepsilon_0=8.85\times10^{-12}$ [N/V^2]，$\mu_0=1.26\times10^{-6}$ [N/A^2]) を用いると光速とほぼ一致することから，光の正体は電磁波であると考えた．ここで，[V]=[J/C]，[A]=[C/s]，[J]=[N·m] から，$1/\sqrt{\varepsilon_0\mu_0}$ の単位が [m/s] となることもわかる．

問 15.5　屈折現象，回折現象，干渉現象など．

索　引

た　行

な　行

は　行

ま 行

や 行

ら 行

著者略歴

五福明夫（ごふくあきお）

1957 年　大阪府に生まれる
1983 年　京都大学大学院工学研究科博士前期課程修了
現　在　岡山大学大学院自然科学研究科
　　　　生命医用工学専攻教授
　　　　工学博士

電磁気学 15 講　　定価はカバーに表示

2015 年 9 月 10 日　初版第 1 刷
2017 年 9 月 20 日　　第 3 刷

著　者　五　福　明　夫
発行者　朝　倉　誠　造
発行所　株式会社　朝　倉　書　店
東京都新宿区新小川町 6-29
郵便番号　162-8707
電　話　03(3260)0141
FAX　03(3260)0180
http://www.asakura.co.jp

〈検印省略〉

真興社・渡辺製本

ISBN 978-4-254-22062-9　C 3054　Printed in Japan